ZEITSCHRIFT FÜR MIKROELEKTRONIK · COMPUTERTECHNIK · INFORMATIK

MP Mikroprozessortechnik

Heft 1 · 1989
VEB Verlag Technik Berlin
ISSN 0232-2892

Künstliche Intelligenz

KomCom '89:

MAP

Experimentalsystem für Mini-MAP

Transputer

- Innovative Architektur
- Einsatz in Spracherkennung und Robotik

Digitale Signalprozessoren

Signalanalyse und Echtzeitverarbeitung

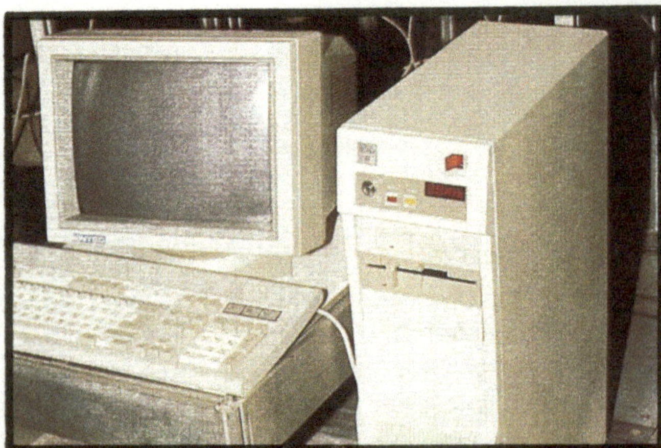

1

2

3

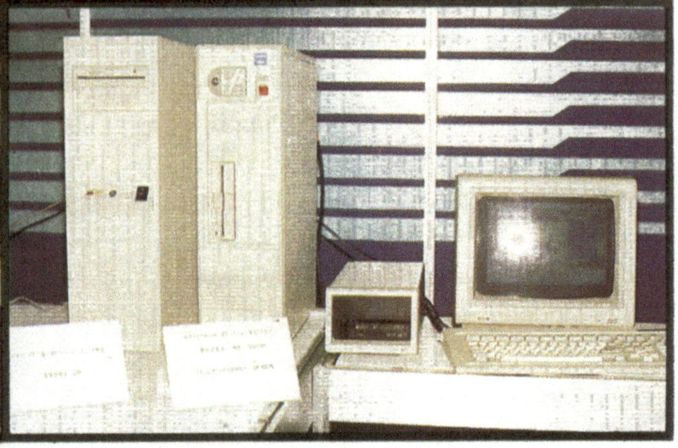

4

5

1 Super 32

2 Prawez-386

3 CAD-System TIGS-R

4 Sport 386 und Sport 286 Quatro

5 Bildverarbeitungssystem CSI-11

Lesen Sie dazu unseren Bericht am Schluß des Heftes

44. Internationale Technische Messe Plowdiw '88

Zeitschrift für Mikroelektronik · Computertechnik · Informatik
3. Jahrgang · ISSN 0232–2892

Mikroprozessortechnik, Heft 1 · 89

Herausgeber Kammer der Technik, Fachverband Elektrotechnik

Verlag VEB Verlag Technik, Oranienburger Str. 13/14, DDR–1020 Berlin; Telegrammadresse: Technikverlag Berlin; Telefon: 28700, Telex: 011 2228 techn dd

Verlagsdirektor Klaus Hieronimus

Redaktion Hans Weiß, Verantwortlicher Redakteur (Tel. 2870371); Herbert Hemke, Redakteur (Tel. 2870203); Sekretariat Tel. 2870381

Gestaltung Christina Bauer

Titelgrafik H. J. Eggstein

Lizenz-Nr. 1710 des Presseamtes beim Vorsitzenden des Ministerrates der Deutschen Demokratischen Republik

Gesamtherstellung Druckerei Märkische Volksstimme Potsdam

Redaktionsschluß: 11. November 1988

AN (EDV) 49837

Erscheinungsweise monatlich 1 Heft

Heftpreis 5,– M, Abonnementspreis vierteljährlich 15,– M; Auslandspreise sind den Zeitschriftenkatalogen des Außenhandelsbetriebes BUCHEXPORT zu entnehmen.

Bezugsmöglichkeiten
DDR: sämtliche Postämter; *SVR Albanien:* Direktorije Quendrore e Perhapjes dhe Propaganditit te Librit Rruga Konference e Pezes, Tirana; *VR Bulgarien:* Direkzia R.E.P., 11a, Rue Paris, Sofia; *VR China:* China National Publications Import and Export Corporation, West Europe Department, P.O. Box 88, Beijing; *ČSSR:* PNS – Ustřední Expedicia a Dovoz Tísku Praha, Slezská 11, 120 00 Praha 2, PNS, Ústredna Expedicia a Dovoz Tlače, Pošta 022, 885 47 Bratislava; *SFR Jugoslawien:* Jugoslovenska Knjiga, Terazija 27, Beograd; Izdavačko Knjižarsko Produzeće MLADOST, Ilica 30, Zagreb; *Koreanische DVR:* CHULPANMUL Korea Publications Export & Import Corporation, Pyongyang; *Republik Kuba:* Empresa de Comercio Exterior de Publicaciones, O'Reilly No. 407, Ciudad Habana; *VR Polen:* C.K.P.i.W. Ruch, Towarowa 28, 00-958 Warszawa; *SR Rumänien:* D.E.P. Bucureşti, Piaţa Scînteii, Bucureşti; *UdSSR:* Sämtliche Abteilungen von Sojuzpečat' oder Postämter und Postkontore; *Ungarische VR:* P.K.H.I., Külföldi Elöfizetési Osztály, P.O. Box 16, 1426 Budapest; *SR Vietnam:* XUNHASABA, 32, Hai Ba Trung, Há Nội; *BRD und Berlin (West):* ESKABE Kommissions-Grossobuchhandlung, Postfach 36, 8222 Ruhpolding/Obb.; Helios-Literatur-Vertriebs-GmbH, Eichborndamm 141–167, Berlin (West) 52; Kunst und Wissen Erich Bieber OHG, Postfach 46, 7000 Stuttgart 1; Gebrüder Petermann, BUCH + ZEITUNG INTERNATIONAL, Kurfürstenstraße 111, Berlin (West) 30; *Österreich:* Helios-Literatur-Vertriebs-GmbH & Co. KG, Industriestraße B 13, 2345 Brunn am Gebirge; *Schweiz:* Verlagsauslieferung Wissenschaft der Freihofer AG, Weinbergstr. 109, 8033 Zürich; *Alle anderen Länder:* örtlicher Fachbuchhandel; BUCHEXPORT Volkseigener Außenhandelsbetrieb der Deutschen Demokratischen Republik, Postfach 160, DDR – 7010 Leipzig und Leipzig Book Service, Talstraße 29, DDR – 7010 Leipzig

Eine Einführung in das Gebiet der Künstlichen Intelligenz (KI) gibt Ihnen der Beitrag auf der **Seite 3**. Er betrachtet historische Wurzeln, Spezialgebiete und Tendenzen.
Mit diesem Artikel beginnen wir eine lose Folge von Beiträgen zum Thema KI.

KOMCOM '89

Mit vier Beiträgen, die auf der Fachtagung Kommunikations- und Computertechnik '89 zwischen dem 14. und 16. Februar 1989 in Dresden gehalten werden, machen wir Sie vorab in gekürzter Fassung bekannt:
Der Artikel „Experimentalsystem für Mini-MAP“ auf der **Seite 7** gibt einen Überblick über internationale Entwicklungen zur schrittweisen Automatisierung in der Produktion.
Auf der **Seite 11** stellt der Beitrag „Innovative Computerarchitektur – Transputer“ die gegenwärtig angebotenen Schaltkreise der Transputer-Familie, die Hochsprache OCCAM und potentiell vorhandene Anwendungsmöglichkeiten des Transputers in der Telekommunikation vor.
Einen zweiten Beitrag zum Thema Transputer finden Sie auf der **Seite 13**. Er befaßt sich mit dem diesen Prozessoren zugrunde liegenden Konzept, gibt eine Leistungseinschätzung der Transputer und stellt Applikationen für Spracherkennung und Robotik vor.
„Signalanalyse und Echtzeitverarbeitung mit digitalen Signalprozessoren“ ist das Thema des Artikels auf der **Seite 19**. Vorgestellt wird die Realisierung der Autoleistungs-Spektralanalyse mit dem Signalverarbeitungssystem TITAN.

Vorschau
In MP 2/1989 finden Sie Beiträge zu folgenden Themen:
- Diskettenformate unter CP/M
- Anwendung des FDC U 8272 D
- 8 × 8 – ein Font für alle Fälle

Inhalt

Mehr automatisch bestückbare Leiterplatten aus Neuruppin

An einem automatischen Fertigungsabschnitt zur Leiterplattenherstellung in den Elektro-physikalischen Werken Neuruppin hat die Jugendbrigade „Manfred von Ardenne" nach halbjähriger Einlaufphase im September die volle projektierte Leistung erreicht. Damit ist der Betrieb in der Lage, den stark gestiegenen Bedarf an automatisch bestückbaren Leiterplatten in der DDR zu decken.
Rund 35000 Quadratmeter unterschiedlicher Leiterplatten liefert das Neuruppiner Werk mit seinen 3300 Beschäftigten monatlich an die Elektonikindustrie der DDR und ist damit wichtigster Hersteller. *ADN*

Gemeinsame Forschung für Chipproduktion

Mit durchschnittlich 80 bis 100 neuen Typen erweitert das Kombinat Mikroelektronik Erfurt jährlich sein Produktionsprogramm elektronischer Bauelemente. Vorlauf für neue Schaltkreisgenerationen, wie schnelle Mikroprozessorsysteme mit hohem Integrationsgrad, wird in Zusammenarbeit mit über 30 Hoch- und Fachschulen sowie Instituten der Akademie der Wissenschaften der DDR geschaffen. Grundlage für die Forschungskooperation sind langfristige Koordinierungs- und Leistungsverträge. *ADN*

Neues Werk für Leiterplatten in Bulgarien

Ein Werk für Leiterplatten ist jetzt in Prawez, 70 Kilometer nordöstlich von Sofia, eingeweiht worden. Der Betrieb, der zum Kombinat für Mikroprozessortechnik Prawez gehört, wurde innerhalb kurzer Zeit errichtet: Im September 1985 war der Beschluß gefaßt worden, entsprechend der Orientierung der BKP auf beschleunigte Entwicklung der Mikroelektronik ein derartiges Werk zu bauen, und bereits am 21. Dezember 1987 verließ die erste Leiterplatte die Produktionsabteilung.
In seiner ersten Ausbaustufe sichert das Werk den Bedarf des Kombinats an Leiterplatten. Es soll bis Ende 1990 seine volle Kapazität erreicht haben und ausschließlich mit CAD/CAM-Technik projektieren und produzieren. *ADN*

USA-Elektronikindustrie will in die Offensive

Die USA-Elektronikindustrie will auf den Außenmärkten gemeinsam in die Offensive gehen, um dem Ansturm japanischer und westeuropäischer Konkurrenz zu begegnen. Vor wenigen Wochen trafen sich im Washingtoner Capitol Manager der Branche mit Kongreßabgeordneten und Wissenschaftlern zu einer Art Strategieklausur. Eingeladen hatte „Rebuild America", eine vom Mitglied des Repräsentantenhauses Mel Levine aus dem Silicon Valley geleitete Gruppe. „Wir sind dabei, zum ersten mal im 20. Jahrhundert unsere Stellung als Spitzenreiter in der Hochtechnologie zu verlieren", warnte Levine. Er fand bei den Männern aus der Industrie besorgte Zustimmung.
John Roach, Chef der Tandy Corporation, Richard Elkus von Prometrix, Jack Tramiel, Begründer der Atari Corporation, und andere nannten Beispiele dafür, wie USA-Entwicklungen auf dem Gebiet der Videotechnik, der Personalcomputer und weiterer Bereiche der Heimelektronik kein kommerzieller Erfolg wurden. Es habe wenig Sinn, über die ausländische Konkurrenz zu klagen, meinte Mel Levine. Die meisten Probleme seien hausgemacht.
Soweit Vorstellungen der Branche an die Öffentlichkeit drangen, läßt sich folgendes Herangehen erkennen: Nach japanischem Vorbild wird eine nationale Industriestrategie angestrebt, die von einer „neuen politischen Führung" mitgetragen werden müsse und alle entscheidenden Positionen von künftigen Speichern über die Lichtleitertechnik und die nächste Generation von Fernsehgeräten bis zu Großrechnern erfassen soll. Das Weltraumrüstungsprogramm SDI gilt nicht als Lösung. Von der Regierung wird eine Umverteilung von Steuermitteln zugunsten ziviler Forschung erwartet.
Jack Tramiel von Atari will sogar die Schaffung eines Export-Ministeriums und einen Marshallplan für die Elektronikindustrie. Bemerkenswert ist jedoch vor allem, daß Spitzenleute eines der entscheidenden Industriezweige des Landes mit Ambitionen außerhalb des militärisch-industriellen Komplexes unmißverständlich ihre Wünsche an die Regierung nach Reagan formulierten.
ADN

Hinweise für das Anfertigen von Manuskripten

1. Die mit Maschine einseitig beschriebenen Manuskripte – 2zeilig, 60 Anschläge/Zeile, 30 Zeilen/Seite – senden Sie bitte in zweifacher Ausfertigung ein.
Als Manuskript können auch Computerausdrucke mit einem sauberen und kontrastreichen Schriftbild dienen, sofern durchschnittlich 60 Anschläge je Zeile eingehalten werden (also wie bei Schreibmaschine **mit** Silbentrennung, kein Randausgleich!). Bei Verwendung von Matrixdruckern ist mindestens Near Letter Quality (NLQ) notwendig.
2. Der Umfang des Manuskriptes soll im allgemeinen 10 Seiten nicht überschreiten. Die maximale Länge des Textteiles von Angeboten und Suchmeldungen für die Rubrik „Börse" beträgt 30 Zeilen.
3. Das Manuskript beginnt mit einer aussagekräftigen, aber knappen Überschrift; es folgen der volle Vor- und Zuname, der akademische Grad und bei Beiträgen aus ihrem Arbeitsbereich die Institution.
4. Versuchen Sie, dem Leser die Aufnahme der Informationen zu erleichtern, indem Sie bei der Gestaltung des Textteiles folgendes beachten:
- Beitrag übersichtlich gliedern!
  (Zwischenüberschriften, Absätze; evtl. kurze Zusammenfassungen, Hervorhebung von Kernsätzen)
- Wo es der Aussage oder Anschaulichkeit dient, verwenden Sie bitte Bilder, Tafeln und Fotos (s. Pkt. 6).

5. Werden Abkürzungen verwendet, sind die im Duden aufgeführten zu nutzen; zusätzlich abzukürzende Begriffe sind beim ersten Auftreten auszuschreiben, und die Abkürzung ist in Klammern zu setzen.
6. Bilder, Tafeln und Fotos müssen als Anhang getrennt numeriert beigelegt werden. Die Einordnung ist im Text zu kennzeichnen. Für die erläuternden Unterschriften – sie sind bei allen Bildern, Tafeln und Fotos notwendig! – ist ein gesondertes Manuskriptblatt zu verwenden.
Bilder und Tafeln können als übersichtliche und eindeutig lesbare Bleistiftzeichnung bzw. maschinengeschrieben eingereicht werden. Um Satzfehler, insbesondere bei Listings zu vermeiden, sind diese **einzeilig** als reprofähige Vorlage zu liefern (kontrastreicher Druck auf weißem Papier, auch saubere Schreibmaschinenschrift ist möglich).
Schwarzweißfotos sollten etwa das Format 13 cm × 18 cm haben (das Negativ wird nicht benötigt).
Farbfotos stimmen Sie bitte mit der Redaktion ab. Geben Sie bei honorarpflichtigen Fotos den Namen und die Adresse bzw. Konto-Nr. des Bildautors an!
7. Bedenken Sie, daß die Anzahl der Zeichen pro Zeile im Druck geringer ist als im Manuskript. Passen Sie also im Interesse einer korrekten Wiedergabe Gleichungen, Formeln, kurze Programmauszüge u. ä., die im laufenden Text erscheinen sollen, von vornherein an die **Spaltenbreite** (etwa 40 Anschläge) an.
Wo dieses nicht möglich ist, sind diese Zeilen als Bilder zu deklarieren.
8. Literaturverzeichnisse werden, in Schrägstriche eingeschlossen, fortlaufend numeriert, z. B. „wie in /1/ und /2/ eindeutig dargestellt wurde", oder „auch Meyer hat in /3/ darauf hingewiesen". Das Verzeichnis der verwendeten Literatur wird auf einem gesonderten Manuskriptblatt nach folgendem Schema angefertigt:

Literatur
/1/ Menzer, R.; Richter, B.: Neue Technologien für Digitalisiergeräte. Feingerätetechnik, Berlin 34 (1985) 9, S. 386
/2/ Claßen, L.; Oefler, U.: Wissensspeicher Mikrorechnerprogrammierung. VEB Verlag Technik, Berlin 1986

9. Jedem Fachartikel ist gesondert ein etwa 10 Zeilen umfassender **Referateteil** beizufügen, der das Wesentliche des Beitrages beinhaltet.
10. Bei Fachaufsätzen ist ein kurzes **Autorporträt** – mit Angaben über Alter, Ausbildung, beruflichen Werdegang, die jetzige Tätigkeit und Aufgabenschwerpunkte – erwünscht.
11. Unterstützen Sie bitte unsere Bemühungen, den Erfahrungsaustausch zu fördern, indem Sie für Interessenten eine Kontaktadresse und Telefonnummer angeben.
12. Denken Sie daran, bei Fachbeiträgen aus Ihrem Arbeitsbereich die Veröffentlichungsgenehmigung der Dienststelle beizulegen.
13. Nicht zu vergessen sind schließlich die private und dienstliche Anschrift, Ihre Konto-Nr. sowie für evtl. Rückfragen eine Telefonnummer.

Bitte überprüfen Sie vor dem Absenden des Manuskriptes noch einmal die Einhaltung dieser Hinweise – Sie vermeiden damit unnötige Verzögerungen bei der Bearbeitung und Veröffentlichung Ihres Beitrages.

Ihre Redaktion MP

Schritte zum Neurocomputer

In der BRD begannen unlängst neun Forschungsgruppen mit einem Programm, das zur Neuroinformatik führen soll. Ziel ist es, neue Wege zur Entwicklung von Computern zu finden, die nach dem Prinzip menschlicher Gehirnstrukturen funktionieren. Die daran beteiligten Forscher wollen moderne Erkenntnisse über die prinzipielle Arbeitsweise des Gehirns in Verfahren der Informationsverarbeitung umsetzen.
Als erste Forschungsthemen wurden Aufgaben formuliert, die im Gehirn scheinbar mühelos, von heutigen Computern dagegen nur unvollkommen gelöst werden können: die Verarbeitung von Bildfolgen aus der natürlichen Umgebung und die Bewegungssteuerung für autonome Roboter.
Die Beteiligten an dem Projekt – neben der Max-Planck-Gesellschaft und einer Industriefirma verschiedene Universitäten – gehen davon aus, daß die Entwicklung eines universellen, neuronalen Computers erst als Fernziel zu verwirklichen ist. Deshalb werden sie in den ersten Jahren die technischen Nutzungsmöglichkeiten neuronaler Prinzipien, wie die Organisation von Wissen oder die Eigenschaften paralleler Netzwerkarchitekturen, mit einfachen Funktionsmodellen ausloten.
aus ND vom 15./16. Oktober 1988

Künstliche Intelligenz in Gegenwart und Zukunft

Prof. Dr. Christian Posthoff, Dr. Rainer Staudte
Technische Universität Karl-Marx-Stadt, Sektion Informatik

Fragen aus dem Gebiet der Künstlichen Intelligenz (KI) rückten in letzter Zeit wieder mehr in den Mittelpunkt der Aufmerksamkeit. Diese Rennaissance hat ihre objektiven Ursachen in der Notwendigkeit, alle produktiven und nichtproduktiven Bereiche der Volkswirtschaft durch die gezielte Nutzung modernster Technologien effektiver zu gestalten und auf eine qualitativ höhere Stufe zu heben. Ziel dieses Beitrages ist eine kurze Einführung in den Problemkreis. Diese Thematik wird in der Folge durch spezielle Themen weitergeführt. Nicht diskutiert werden soll der Begriff Künstliche Intelligenz selbst, der sicher nicht glücklich ausgewählt wurde, aus historischen Gründen aber heute nicht mehr ausgemerzt werden kann.

Im Laufe ihrer Entwicklung hat sich die KI zu einer interdisziplinären Verflechtung von Informatik, Mathematik, Psychologie und ihren Anwendungsgebieten herausgebildet. Einige Aufgaben, die früher zweifellos zum Problemkreis der KI gerechnet wurden und später weitgehend einer Lösung zugeführt werden konnten, zählen heutzutage zum Allgemeinwissen der Informatik. Andere Aufgaben, deren Lösung sich prinzipiell als schwieriger erwiesen hat, brachten selbständige Teildisziplinen hervor. Für die Zukunft ist das Verschwinden des Begriffes durchaus denkbar, weil er eines Tages inhaltlich nicht mehr existieren wird und die Mittel und Methoden zur Lösung der Aufgaben dieser Klasse eine vernünftigere Einteilung bestimmt haben werden.

Die Wurzeln der KI

Geht man von den Aufgaben aus, die unter dem Begriff KI vereinigt sind, so wird sehr schnell die Notwendigkeit deutlich, ein breites Spektrum wissenschaftlicher Forschung zu verfolgen. Mindestens drei Entwicklungslinien des 19. bzw. 20. Jahrhunderts, die ihrerseits noch weiter in die Geschichte zurückreichen, sind für den heutigen Stand der KI von grundlegender Bedeutung:

① die Mathematische Logik, die das logische Folgern als ein Teilgebiet menschlichen Denkens als formalisierbar nachwies, die Aussagen- und Prädikatenlogik hervorbrachte und sich gegenwärtig intensiv mit der Informatik im allgemeinen und der KI im besonderen vermischt. Das Verhältnis *Mathematische Logik – Informatik* wird sich sicher ebenso unauflöslich eng und fruchtbar gestalten wie die Beziehung *Mathematik – Physik*. Namen wie *Boole, Frege, Whitehead, Russell, Hilbert, Tarski* und *Gödel* kennzeichnen diese Linie.

② ein zunehmendes Verständnis des Berechenbarkeits- und Algorithmusbegriffs, ein theoretisches Bindeglied zu den zum damaligen Zeitpunkt noch nicht existierenden Computern und Computersystemen. Die „abstrakten Maschinen" von *Turing* und *Post* als Denkmodelle zur Charakterisierung der Berechenbarkeit, die Theorie der rekursiven Funktionen, die *Church*sche These als Verbindung zwischen diesen Denkmodellen in intuitiven Berechenbarkeitsvorstellungen und nicht zuletzt bereits hier die grundlegende Vorstellung, mit derartigen Maschinen *Symbole* (nicht etwa nur Zahlen) zu verarbeiten – das sind die Ergebnisse, die einen wichtigen exakten Ausgangspunkt für die Entwicklung intelligenter Computersysteme bilden.

③ die eigentliche konstruktiv-technische Entwicklung und Realisierung von Computersystemen selbst, die Mitte der vierziger Jahre begann und sich bis in die heutige Zeit (und wohl auch noch in Zukunft) mit ungeheuerer Geschwindigkeit und Breite fortsetzt. Namen wie *Leibniz, Babbage* (als Vorläufer im 19. Jahrhundert bereits alle wichtigen Strukturelemente eines Computers nennend), *Turing, von Neumann, Zuse* stehen als Beispiele. Die fünfte Computergeneration, verknüpft mit dem Namen *Moto-Oka*, ist ein reales Ziel. Und bis auf *Babbage* und seine Schülerin *Ada Augusta Countess of Lovelace* geht auch die Idee zurück, in derartigen Komplexen (mechanischen, später elektronischen Systemen) intelligentes Verhalten zu realisieren. Er traut seiner „Analytical Engine" die Fähigkeit des Schachspielens zu, eine Idee, die, 1948 von *Shannon* erneut ausgesprochen und prinzipiell entwikkelt, bis heute intensiv weiterverfolgt wird.

Zum Gegenstand der KI

Vielleicht ist es gar nicht so absurd, nach Erscheinen der ersten Computer und erst recht heute bei der vorhandenen Massenbasis an Computersystemen, das Bestreben, den Computer bis an die Grenze seiner Leistungsfähigkeit auszureizen, als eine wichtige Triebkraft für die Entwicklung der KI anzusehen.

Verfolgt man die aktuellen KI-Entwicklungen, so findet man nach wie vor ein recht heterogenes Bild vor, das durch einen *anthropomorphen* Standpunkt systematisiert wird und eine äußere, problembezogene Hülle darstellt. Nachfolgender, von *Siekmann* ausgesprochener Standpunkt soll als Arbeitsgrundlage dienen:

„Gewisse menschliche Aktivitäten wie das Planen einer kombinierten Bahn-Bus-Reise, das Verstehen gesprochener Sprache, das Beweisen mathematischer Sätze, das Erstellen einer medizinischen Diagnose oder das Sehen und Erkennen bestimmter Gegenstände erfordern zweifellos Intelligenz – unabhängig davon, welche Definition dieses Begriffes man bevorzugt. Die *Künstliche Intelligenz* faßt diese bisher dem Menschen vorbehaltenen kognitiven (auf Erkenntnis beruhenden) Fähigkeiten als informationsverarbeitende Prozesse auf und macht sie naturwissenschaftlichen Untersuchungsmethoden (*und* ingenieurmäßiger Verwendung) zugänglich."

Die Unterstreichungen sollen den anthropomorphen Standpunkt direkt sichtbar machen: die Fähigkeiten, abstrakt, antizipierend (gedanklich vorwegnehmend) zu planen, zu beweisen, über seine Sprache die Umwelt zu bewältigen, zu sehen – diese Möglichkeiten des Menschen stellen also Aufgaben für die KI dar. Einige menschliche Fähigkeiten sollen ganz oder teilweise irgendwie auf Computer verlagert werden, mindestens mit den Zielen:

- geht das überhaupt?
- kann man das für die Praxis (mit vertretbarem Aufwand) realisieren?

Spezialgebiete der KI

Auf die Vielzahl von philosophischen, moralischen, ethischen und sozialen Problemen, die sich hinter diesen lakonischen Fragen verbergen, sei hier noch einmal nachdrücklich hingewiesen.

Somit lassen sich Spezialgebiete der KI formulieren, wobei aber grundlegend zu betonen ist, daß Computersysteme menschliche Mittel und Möglichkeiten in *allen* Bereichen

Kleines Lexikon der KI

Künstliche Intelligenz

Unter dieser Überschrift formiert sich in den letzten 30 Jahren ein Wissenschaftsgebiet, das im wesentlichen als Teilgebiet der *Informatik* angesehen werden kann, in seinen theoretischen Grundlagen starke Beziehungen zur *Mathematik* aufweist (Diskrete Mathematik, Mathematische Logik, Graphsuchverfahren, ...), zunehmend mit den Geisteswissenschaften in Beziehung tritt (*Linguistik, Philosophie, Psychologie*) und versucht, Probleme auf Computersystemen lösbar zu machen, deren Bewältigung sich auf Informationsverarbeitung reduzieren läßt und beim Menschen Intelligenz erfordert (wie auch immer „*Information*" und „*Intelligenz*" erklärt oder definiert werden sollen).

Damit gelangt man zu vielen verschiedenen „Definitionen" der KI, die im wesentlichen immer die Intentionen der Autoren ausdrücken. Nach wie vor handelt es sich um ein sehr heterogenes Gebiet, in dem eine anthropomorphe Klammer oft der einzige Zusammenhang ist (das heißt der Wunsch, menschliche Fähigkeiten nachzubilden). Sehr intensiv und bedeutsam ist vor allem die Rückwirkung auf die Informatik selbst (Sprachen der KI, Hardwarestrukturen der Ki, Automatisches Programmieren u. v. a. m.).

Expertensysteme

Expertensysteme sind der anwendungsbezogene Aspekt der Wissensverarbeitung. Es handelt sich um Programmsysteme, die einen Menschen in einem bestimmten Problembereich ersetzen oder unterstützen sollen, in dem (noch) keine exakten Lösungen existieren. Derartige Gebiete werden häufig von Menschen bewältigt, die viel „Erfahrung" besitzen (eben Experten sind), die kaum zu einer präzisen Arbeitsmethode umgewandelt werden kann und die im wesentlichen an den Experten gebunden ist und von diesem im allgemeinen (falls überhaupt) durch Ausbildung (Belehrung) jüngerer Experten weitergegeben wird.
Typische Forschungs- und erste Anwendungsbereiche sind beispielsweise Diagnosesysteme im technischen und medizinischen Bereich, Planungssysteme, Beratungs- und Auskunftssysteme, Dispatcher-, Steuer- und Entscheidungssysteme usw. usf. Die meisten derartigen Systeme tragen gegenwärtig experimentellen Charakter; bilden jedoch einen wichtigen Ausgangspunkt für eine gewaltige Entwicklung aller Bereiche der menschlichen intelligenten Tätigkeit. Expertensysteme besitzen eine *Wissensbasis*, eine Problemlösungskomponente (*Inferenzmaschine*), können mit dem Nutzer kommunizieren (*Dialogkomponente*), und (eventuell) ihre Lösung erklären (*Erklärungskomponente*). Damit wird der Übergang zu *intelligenten Lehrsystemen* fließend.

Wissensverarbeitung

Die Wissensverarbeitung mit den Vorstufen der *Wissensgewinnung* und der *Wissensdarstellung* bildet gegenwärtig ein Kerngebiet der KI. Man benötigt zur Lösung einer Aufgabe (eines Problems) eine gewisse Menge an **Wissen** (soviel wie nötig, sowenig wie möglich), wobei das erste zu lösende Problem (oft das schwierigste) darin besteht, einem Experten (falls vorhanden) dieses Wissen „abzuringen", meist ein langwieriger, iterativer Prozeß, der häufig in der jeweiligen Disziplin viele neue Fragen und Probleme aufwirft.
Für die Darstellung von Wissen (in Computersystemen) gibt es bereits eine Reihe gut ausgearbeiteter und beherrschter Formalismen, mit denen man sich in etwa vertraut machen muß, weil eine effektive Problemlösung sehr häufig von einer günstigen (geschickten, ...) Darstellung abhängt. Dabei sind die unterschiedlichsten Gesichtspunkte zu beachten: Sicherheit des Wissens (präzise, unsicher, zweifelhaft, ...), Verwendungszweck (Definition, Klassifikation), Beschaffenheit (Struktur, Regelwerk, ...), Metawissen. Häufig verwendet man einen objekt- und rational orientierten Standpunkt: Man definiert Objekte, charakterisiert diese durch Eigenschaften und beschreibt die zwischen ihnen vorhandenen Relationen (kausal, temporal, ...). Wichtige Repräsentationsformalismen sind:

- prozedurale Repräsentationen (endliche Automaten, Programme)
- Aussagen- und Prädikatenlogik, unscharfe und weitere nichtklassische Logiken
- Semantische Netze
- Regeln
- Frames
- objektorientierte Sprachen (Weiterentwicklungen von Simula und Smalltalk).

Zu jeder Darstellung gehört die entsprechende Inferenzmaschine, mit deren Hilfe die dann zu lösenden Probleme bewältigt werden.
Zunehmend treten diese Darstellungen gemischt und kontinuiert auf und werden durch geeignete Softwarewerkzeuge und Entwicklungsumgebungen unterstützt.

Lisp

Lisp ist eine der ältesten Programmiersprachen (nur Fortran ist älter) und bis heute *die* Sprache der KI. Sie wurde Ende der 50er von J. McCarthy erfunden und steht der mathematischen Logik (dem Lambda-Kalbu) sehr nahe. Dennoch ist es eine vollwertige Programmiersprache und wurde als Sprache zur Verarbeitung von Listen (List processing) entworfen, um günstige Möglichkeiten zur Behandlung von Symbolverarbeitungsproblemen zu haben (symbolische Differentiation und Integration von algebraischen Ausdrükken). Im Laufe der Zeit hat sich Lisp auf Grund der Eleganz und Flexibilität seiner Konzeption an die modernsten Ideen des Software-Entwurfes angepaßt und wird heute durch eine ganze Sprachfamilie repräsentiert. Lisp gehört zu den funktionalen Sprachen und hat die bedeutsame Eigenschaft, daß Lisp-Programme selbst als Lisp-Daten angesehen und behandelt werden können. Damit ist Lisp auch ein elegantes Mittel, um Interpreter und Compiler für andere Sprachen zu schreiben.

Prolog

Prolog bildet heute (in unterschiedlichsten Realisierungen) die bekannteste Entwicklung aus dem Bereich der Logischen Programmierung. Es entstand ab 1972 in Frankreich (A. Colmerauer) und beruht auf dem Automatischen Theorembeweisen, einer Realisierung von Beweisverfahren der Prädikatenlogik auf Computersystemen.
Mit Hilfe von *Fakten* und *Regeln* wird ein Problemraum definiert, so daß ein logisches Schließen über Eigenschaften dieses Raumes möglich wird. Dies wird immer dann nötig, wenn eine Anfrage an das System gerichtet wird. Das System beweist das Vorhandensein oder Fehlen dieser Eigenschaften, wobei auftretende Bedingungen als Werte von entsprechenden Variablen ausgedrückt werden. Prologsysteme stellen ein reichhaltiges Repertoire vom System realisierter Aufgaben zur Verfügung (Rekursion, Backtracking, eingebaute Prädikate), so daß ein Programmierer sich primär auf die Beschreibung des Problemraumes konzentrieren und eine hohe Ausdrucksfähigkeit erreichen kann (*deskriptiver Aspekt*). Bei der Abbildung auf eine konkrete Maschine entstehen darüber hinaus auch prozedurale Eigenschaften von Prologprogrammen (*prozeduraler Aspekt*). Die Anwendungsprogrammierung der nächsten Jahre wird in hohem Maße von Methoden der logischen Programmierung beeinflußt werden.

Deduktionssysteme

Hierunter versteht man Programmsysteme, die Teilgebiete des „logischen Denkens" automatisieren (siehe auch Prolog) und auf Kalkülen der Mathematischen Logik beruhen. Die Grundidee besteht darin, daß gewisse, nach bestimmten Vorschriften konstruierte Formeln, sogenannte *Axiome*, als wahr (gültig, richtig) angesehen werden; mit Hilfe bestimmter *Schlußregeln* kann man aus diesen Axiomen neue *Theoreme* (Sätze, Gesetze) einer bestimmten Theorie ableiten. Findet man in der objektiven Realität eine *Interpretation* (eine Zuordnung der verwendeten Formelzeichen zu konkreten Objekten, Relationen, Funktionen, ...), die die Axiome erfüllt, so gelten auch alle gefundenen Theoreme.

Deduktionssysteme hatten am Anfang hauptsächlich für Teilgebiete der Mathematik und der Mathematischen Logik Bedeutung, gehen aber heute schon weit darüber hinaus und gewinnen ständig an Bedeutung (logische Programmiersprachen, deduktive Datenbanken, Nachweis der Korrektheit von Hard- und Software, Verifikation von Mikroprogrammen, Konstruktion von Inferenzmaschinen, deduktive Planungsmethoden usw.).

Verarbeitung der natürlichen Sprache

Dieses Gebiet ist, von den Fähigkeiten des Menschen aus betrachtet, ein Schlüssel zur Nachbildung menschlicher Intelligenz, da ja die Sprache Ausdruck des menschlichen Denkens ist und demzufolge eine große Herausforderung an die KI darstellt.
Hier ist das Forschungsgebiet nahezu unüberschaubar und enthält eine Vielzahl schwierigster Probleme. Obwohl bereits beeindrukkende Erfolge und Ergebnisse auf Teilgebieten erreicht wurden, ist man von einer vollständigen Beherrschung der natürlichen Sprache noch weit entfernt.
Wichtige Teilgebiete und Forschungsaufgaben bestehen beispielsweise in der Schaffung von Systemen für:

- Dialoge zwischen Mensch und Maschine in natürlicher Sprache
- die automatische Wissensgewinnung aus Texten
- die automatische Übersetzung von einer Sprache in eine andere
- die akustische Ein- und Ausgabe (die Umsetzung des gesprochenen Wortes in Texte).

Ähnlich kompliziert gestaltet sich die Situation auch für die *automatische Bildverarbeitung*.

Lernende Systeme

Lernen und Wissen stehen natürlich ebenfalls in enger Beziehung zur menschlichen Intelligenz. Primitiv betrachtet, kann man Lernen stets als Modifikation vorhandenen Wissens ansehen mit dem Ziel, die Problemlösefähigkeit eines Menschen (und auch eines KI-Systems) zu erhöhen. Damit ist das Lernen auch eine Methode des Wissenserwerbs. Das Erlernen von Lösungsmethoden und -strategien, die Strukturierung von Wissen, die Entdeckung neuer Relationen, Fakten und Theorien, die Verbesserung heuristischer Vorgehensweisen, alles das in Wechselwirkung mit einem bestimmten Anwendungsbereich, gehört ebenfalls in dieses Gebiet.
Analoges Schließen, Verallgemeinerung und Induktion, Heuristiken, das Lernen auf Grund von Beispielen, die Gewinnung von Regeln aus Beispielen – alles das sind menschliche Fähigkeiten, die zur Zeit untersucht und modelliert werden; immer bewirkt die Beschäftigung mit der Künstlichen auch den Respekt vor der natürlichen Intelligenz.

Zeichnungen: Eggstein (4)

ergänzen, erweitern, beeinflussen werden. Ergebnisse dieser Spezialgebiete erweitern und vervollkommnen den Werkzeugsatz der Computeranwendungen, den es zu ordnen und zu systematisieren gilt.
Entsprechend unserem Ausgangspunkt lassen sich folgende Richtungen definieren:

- Problemlösen
- Verarbeitung natürlicher Sprache
- Bilderkennung und -verarbeitung
- Robotik
- Expertensysteme
- Kognition.

Auch diese Gebiete sind inhaltlich keineswegs voneinander abgegrenzt, sondern durchdringen, ergänzen, befruchten sich wechselseitig (sehende Roboter, bildverarbeitende Expertensysteme, ...). In einem folgenden Beitrag wird ausführlicher auf das Problemlösen mit den verschiedenen heuristischen Suchverfahren als Grundlage zur Entwicklung von Inferenzstrategien und auf Expertensysteme als besonders praxisrelevante Seite der KI-Entwicklungen näher eingegangen.

Tendenzen in der KI

Anfang der siebziger Jahre verlagerte sich der Schwerpunkt der Forschungsarbeiten der KI. Problemlösen und heuristische Suche verloren ihre dominierende Stellung. Dafür gab es zwei Ursachen: Zum einen war dieser Problemkreis bereits recht gut ausgearbeltet, andererseits zeigten die Erfahrungen, daß das Streben nach effektiven Suchmethoden im Zustandsraum für die Bewältigung einer Reihe komplexerer praxisrelevanter Aufgaben allein nicht ausreichte. Geeignete Wege, problemspezifisches *Wissen* in die Lösung der gestellten Aufgaben mit einzubeziehen, waren zu finden. In der Folgezeit rückten Fragen der Wissensdarstellung (Wissensrepräsentation), der Wissensverarbeitung (Wissensmanipulation) und des Wissenserwerbs (Wissensakquisition) in den Mittelpunkt. Mit der weiteren Entwicklung der Informatik, insbesondere der Softwaretechnologie, der Programmiersprachen mit den abstrakten Datentypen, der Datenbanken, der Rechnerarchitektur usw., konnten wesentliche theoretische und praktische Voraussetzungen zur Beherrschung informationeller Prozesse geschaffen werden. Hinter Wissensverarbeitung verbirgt sich heutzutage die Frage, wie riesige strukturierte Datenmengen geeignet ermittelt, bereitgestellt, verwaltet, umgeordnet, erweitert und verarbeitet werden können.
Im Laufe der Zeit bildeten sich – neben zahlreichen Fehlschlägen – fundierte Mittel und Methoden als Ergebnis dieser Ingenieurtätigkeit heraus: Expertensysteme, Datenbanksysteme, KI-Sprachen, Modelle der Wissensverarbeitung (Produktionssysteme, Frames, semantische Netze, ...). Induziert durch die stürmische Entwicklung der Mikroelektronik wirkte die Konstruktion ständig leistungsfähigerer Computer als Katalysator in dieser Entwicklung. Diese relativ rasche Entwicklung der Hardware machte sich nicht nur durch die Verbesserung wichtiger Parameter (Operationsgeschwindigkeit, Speicherplatz) bemerkbar, sondern brachte auch eine neue Qualität von Computern hervor. Diese Personalcomputer zeichnen sich durch ihre vergleichsweise niedrigen Herstellungskosten aus und gestatten ihre wirtschaftliche Nutzung in vielen neuen Anwendungsbereichen. Gegenwärtig sind die Methoden der heuristischen Suche und des formalen logischen Folgerns auf dem Computer bereits relativ weit entwickelt und bilden das Fundament jedes KI-Systems.
Die Eroberung nichttraditioneller Bereiche mit dem Computer, Hauptziel der KI seit ihrer Existenz, ist insbesondere für kleine Länder mit begrenzten ökonomischen Ressourcen, wie die DDR, unumgänglich geworden. Begonnen werden kann damit kaum, indem fertige Softwaresysteme einfach in einen neuen Problembereich umgesetzt werden, sondern nur über den evolutionären Weg des Verstehens und qualifizierten Anwendens der erwähnten Mittel und Methoden der Informatik. Das gilt auch für die in letzter Zeit aufkommenden Rahmensysteme (Shells), die das Begreifen der in ihnen ablaufenden Prozesse nicht überflüssig machen, sondern im Gegenteil dringend auf die Tagesordnung setzen.

✉ KONTAKT ☏
Technische Universität Karl-Marx-Stadt, Sektion Informatik, Straße der Nationen 62, Karl-Marx-Stadt, 9010; Tel. 668529

Programmieren in Prolog

Prozedurale Interpretation und Programmabarbeitung

Dr. Harald Killenberg, Rainer Knauf
Technische Hochschule Ilmenau, Sektion Technische und Biomedizinische Kybernetik

Dieser Beitrag ist inhaltlich die Fortsetzung des in MP 11/87 erschienenen Artikels /1/, in dem eine Einführung in die logischen Grundlagen der Programmiersprache Prolog gegeben wurde.
Hier wird zunächst die prozedurale Sichtweise der deklarativen Sichtweise gegenübergestellt. Im Anschluß daran werden die in gewissem Umfang mögliche Steuerung der Abarbeitung von Prolog-Programmen behandelt, auf häufige Programmierfehler hingewiesen sowie ein Anwendungsbeispiel vorgestellt.

Prolog aus prozeduraler Sicht

Neben der (bisher betrachteten) deklarativen Interpretation gibt es noch eine prozedurale Interpretation von Prolog-Programmen. Dies soll an einem kleinen Beispiel verdeutlicht werden, in welchem von den im Abschnitt 5 /1/ definierten Prädikaten „chef_von" und „mitglied" Gebrauch gemacht wird:

(1) weisungsberechtigt (K1,K2):–
chef_von (Kollegen,K2),
mitglied (K1,Kollegen).

(2) weisungsberechtigt (K1,K2):–
chef_von (Kollegen,K2),
mitglied (K3,Kollegen),
weisungsberechtigt (K1,K3).

Deklarativ sind obige Regeln wie folgt interpretierbar:
Ein Kollege K2 ist gegenüber einem Kollegen K1 weisungsberechtigt, *wenn*

(1) K2 Chef einer Menge von Kollegen (in Prolog als Liste notiert) ist
und
K1 Mitglied in dieser Liste ist

oder

(2) K2 Chef einer Liste von Kollegen ist
und
ein Kollege K3 Mitglied in dieser Liste ist
und
der Kollege K3 weisungsberechtigt gegenüber dem Kollegen K1 ist.

Einer solchen Interpretation kann eine *prozedurale* Interpretation gegenübergestellt werden:

(1) **(1.1)** Es wird die Abarbeitung der Unterprozedur „chef_von (Kollegen,K2)" versucht. Gelingt dies, so wird die Abarbeitung unter Übernahme der gefundenen Variablenbelegung mit (1.2) fortgesetzt, anderenfalls (d. h. wenn diese ein Backtrack auslöst) mit (2).
(1.2) Es wird die Abarbeitung der Unterprozedur „mitglied (K1,Kollegen)" versucht. Gelingt dies, so ist die Abarbeitung erfolgreich beendet (Antwort „ja" bzw. eine Variablenbelegung). Anderenfalls wird ein alternativer Abarbeitungsweg für (1.1) versucht.

(2) **(2.1)** Es wird die Abarbeitung der Unterprozedur „chef_von (Kollegen,K2)" versucht. Gelingt dies, so wird die Abarbeitung mit (2.2) fortgesetzt. Anderenfalls ist die Abarbeitung erfolglos beendet (Antwort „nein").
(2.2) Es wird die Abarbeitung der Unterprozedur „mitglied (K3,Kollegen)" versucht. Gelingt dies, so wird die Abarbeitung mit (2.3) fortgesetzt. Anderenfalls wird ein alternativer Abarbeitungsweg für (2.1) versucht.
(2.3) Es wird die Abarbeitung der Unterprozedur „weisungsberechtigt (K1,K3)" versucht. Gelingt dies, so ist die Abarbeitung erfolgreich beendet. Anderenfalls wird ein alternativer Abarbeitungsweg für (2.2) versucht. (Wegen der Rekursivität ist die Prozedur Unterprozedur von sich selbst, jedoch mit anderen Aufrufparametern.)

Die Unterprozeduren werden jeweils auf die gleiche Weise abgearbeitet.
Bei der *deklarativen Interpretation* stehen die prädikatenlogischen Aussagen im Vordergrund. Aufgrund der Kommutativität der UND- und ODER-Verknüpfung spielt die Reihenfolge der Klauseln in der Wissensbasis sowie die Reihenfolge der Teilziele in Klauselkörpern hierbei keine Rolle.
Für die prozedurale Interpretation hingegen ist die Reihenfolge, in der die Teilziele durchlaufen und Abarbeitungswege zu deren Erfüllung versucht werden, von Bedeutung. Aus dieser Sicht können die in der Wissensbasis definierten sowie die eingebauten Prädikate auch als Prozeduren und die Teilziele eines Ziels als Prozeduraufrufe interpretiert werden. Insbesondere bei Anwendung von Teilzielen mit „prozeduralen Seiteneffekten" (z. B. solche zur dynamischen Veränderung der Wissensbasis oder zur Ein-/Ausgabe)

muß man sich auch über deren prozedurale Interpretation im klaren sein, um sie anwenden zu können. So ist z. B. das Teilziel „assert(chef_von([krause,albrecht],meyer))", welches das Hinzufügen der als Argument stehenden Klausel zum Programm bewirkt, stets „wahr" und deshalb für die deklarative Interpretation ohne Bedeutung. Ein „prozedurales Mitdenken" ist bei der Verwendung derartiger Prädikate jedoch unumgänglich, da das weitere Programmverhalten durch ihre „Seiteneffekte" entscheidend verändert werden kann.

Steuerung der Abarbeitung

In Prolog ist die Abarbeitung der Fragen fest eingebaut (Tiefensuche mit Backtrack) /1/. Prolog bietet jedoch auch Möglichkeiten, die Abarbeitungsfolge in gewisser Weise zu verändern. Hierzu dienen z. B. die Prozeduren „!" (cut) und „fail".

„!" ist ein stets erfüllbares Teilziel. In Klauselkörpern eingefügt, verhindert es ein Backtrack der hinter „!" stehenden Teilziele zu den vor „!" stehenden Teilzielen sowie zu alternativen Klauseln mit gleichem Kopfprädikat. „!" schneidet die noch verbleibenden alternativen Lösungswege innerhalb der Prozedur, in der es vorkommt, ab. Ein häufig genutzter Nebeneffekt von „!" besteht darin, daß bei dessen Abarbeitung der Speicherplatz für diejenigen Entscheidungspunkte (place marker) und ehemaligen Abarbeitungszustände (Variablenbelegungen) zurückgewonnen wird, zu denen von nun an kein Backtrack mehr möglich ist.

„fail" ist ein nie erfüllbares Teilziel. In Klauselkörpern eingefügt, löst es daher ein Backtrack aus.

Die Anwendung von „!" und „fail" soll an folgendem Beispiel demonstriert werden:

(1) raucher(steffen).
(2) freunde(frank,X):–
        raucher(X),
        !,
        fail.
(3) freunde(frank,X).

Betrachten wir hierzu die Abarbeitung der Ziele

?-freunde(frank,steffen).

(Bild 1) und

?-freunde(frank, rainer).

(Bild 2) am Suchbaum.

Auf das Ziel

?-freunde(frank,steffen).

(Bild 1) sind zunächst zwei Klauseln alternativ anwendbar: (2) und (3). Die Unifikation mit (2) führt zum aktuellen Ziel

?-raucher(steffen),!,fail.

Durch die Anwendung von (1) auf das erste Teilziel kann dieses aus dem aktuellen Ziel entfernt werden, so daß

?-!,fail.

verbleibt. Die Abarbeitung von „!" hat nun zur Folge, daß die alternativ mögliche Anwendung von (3) auf das ursprüngliche Ziel „vergessen" wird. Es verbleibt das immer falsche Teilziel „fail" im aktuellen Ziel, welches zur Beantwortung der Frage mit „nein" führt.

Bei der Abarbeitung des Ziels

?-freunde(frank,rainer).

(Bild 2) wird zunächst der gleiche Weg eingeschlagen. Da jedoch bereits bei der Abarbeitung des Teilziels „raucher(rainer)" ein Backtrack ausgelöst wird, kommt „!" nicht zur Anwendung. Der noch verbleibende alternative Lösungsweg wird eingeschlagen und führt zum Erfolg, d. h. die Frage kann mit „ja" beantwortet werden.

Die sog. „cut-fail-Kombination" verwendet man typischerweise, wenn diejenigen Prämissen gut formuliert werden können, für die ein Prädikat nicht wahr sein soll. Dies ist auch in unserem Beispiel der Fall, da die Wissensbasis keine Fakten vom Typ „nichtraucher(. . .)" enthält.

Prolog-Fallen
Nicht terminierende Programme

Bereits im Abschnitt 4 /1/ wurde darauf verwiesen, daß das durch Prolog verwendete Tiefensuch-Verfahren mit Backtrack (auch bei im Prinzip vorhandener Lösung) nicht zwangsläufig terminiert. Ein Beispiel hierfür sei folgendes kleine Programm:

(1) vater_von(Vater,Sohn):–
        sohn_von(Sohn,Vater).
(2) sohn_von(Sohn,Vater):–
        vater_von(Vater,Sohn).
    ?-vater_von(ralf,dieter).

Der (entartete) Suchbaum ist im Bild 3 dargestellt. Die Abarbeitung dieses Programmes endet nie. Auch der Speicher läuft nicht über, da keine Entscheidungspunkte und Abarbeitungszustände gekellert werden müssen (es gibt für keines der Prädikate alternativ anwendbare Klauseln, siehe Abschnitt 4 in /1/) und die Anzahl der Teilziele im aktuellen Ziel nicht größer wird.

Außer dem Fall, daß sich ein während der Abarbeitung schon einmal aufgetretenes aktuelles Ziel wiederholt, gibt es noch den Fall, daß das aktuelle Ziel mit jedem Resolutionsschritt immer mehr Teilziele erhält:

(1) teil_von(lampe,elektrik).
(2) teil_von(elektrik,kabel).
(3) teil_von(Teil,Teilesteil):–
        teil_von(Teil,X),
        teil_von(X,Teilesteil).
    ?-teil_von(kabel,draht).

Suchbaum bei der Abarbeitung von „?-freunde(frank,steffen)."

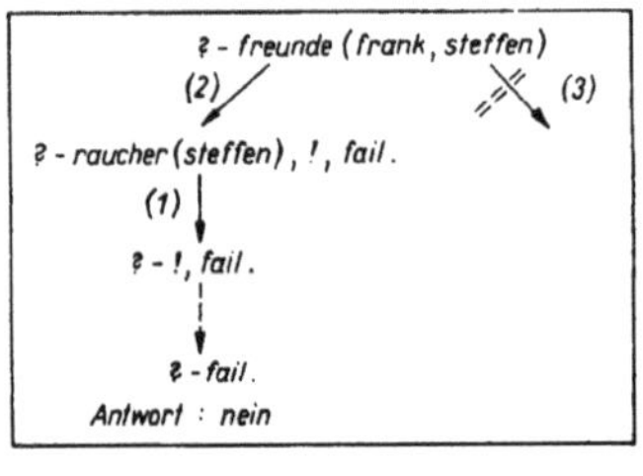

Bild 1

Suchbaum bei der Abarbeitung von „?-freunde(frank,rainer)."

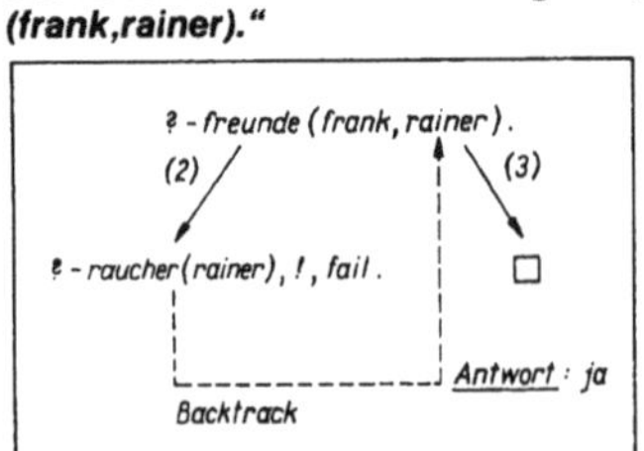

Bild 2

Suchbaum bei wiederholtem Auftreten eines aktuellen Ziels

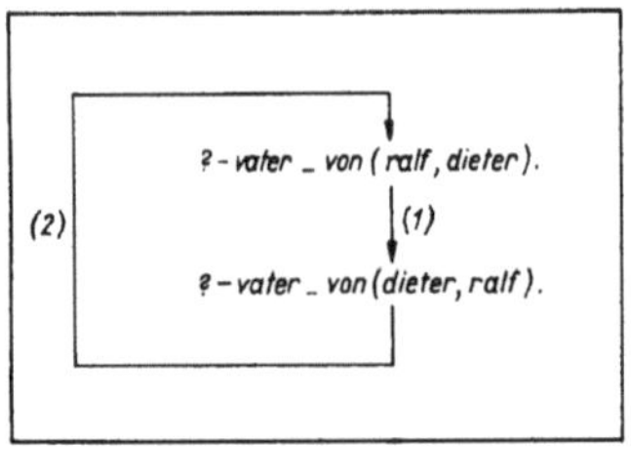

Bild 3

Im Bild 4 ist der Suchbaum hierfür dargestellt. Es wird mit jedem Resolutionsschritt auf das erste Teilziel die Klausel (3) angewandt und dieses durch zwei Teilziele ersetzt. Das aktuelle Ziel wird so mit jedem Resolutionsschritt um ein Teilziel länger, so daß das Programm irgendwann mit einem Speicherüberlauf endet.

Verwendung des logischen „NOT"

In Prolog wird ein 1stelliges Prädikat „not(X)" unterstützt (i. allg. eingebaut, kann aber auch selbst definiert werden mit Hilfe der „cut-fail-Kombination"), dessen Argument die Syntax einer Atomformel hat. Das Teilziel „not(X)" ist erfolgreich, wenn das Teilziel „X" erfolglos ist. Ein einfaches Beispiel demonstriere die Anwendung:

(1) fleissig(dunja).
(2) fleissig(heiko).
(3) faul(X):–
        not(fleissig(X)).

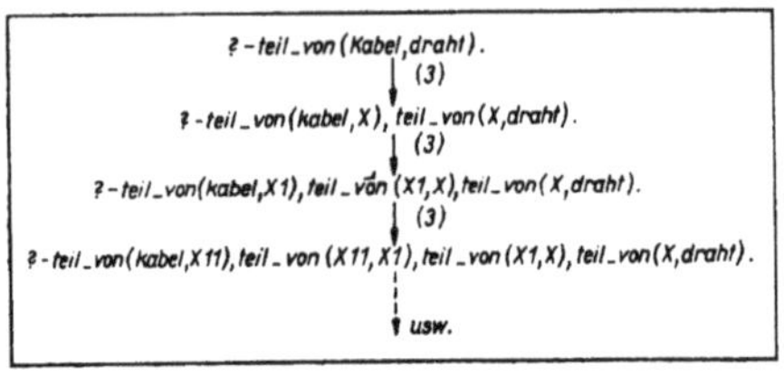

Bild 4
Suchbaum bei immer größer werdender Anzahl der Teilziele im aktuellen Ziel

Stellt man nun beispielsweise die Frage

?-faul(uwe).

, so erhält man die Antwort „ja". Problematisch ist hierbei allerdings die Verwendung von Variablen. Fragt man z. B.

?-faul(Wer).

, so erhält man die Antwort „nein", was offensichtlich im Widerspruch zu obiger Antwort steht. Dieser Effekt rührt daher, daß die Menge der Individuensymbole unendlich mächtig ist und somit Prolog natürlich nicht in der Lage ist, die Komplementärmenge zur Menge {dunja,heiko} zu bilden, um daraus ein Individuensymbol zu entnehmen und es als erste gefundene Lösung zu o. g. Frage anzugeben.

Die im Abschnitt Prolog-Fallen aufgezeigten Effekte sind natürlich nicht immer so offensichtlich wie in den angegebenen kleinen Beispielen und sind deshalb eine häufige Fehlerquelle.

Ein Anwendungsbeispiel

Als geeignetes Einsatzgebiet für die Programmiersprache Prolog erweisen sich wissensverarbeitende Systeme, in denen sich das Fachwissen gut in Form von Hornklauseln notieren läßt. International wird Prolog zunehmend als Implementierungssprache für Expertensysteme eingesetzt. Die Erfahrungen der Autoren am nachfolgend beschriebenen Beispiel belegen ebenfalls die Eignung logischer Programmiersprachen für derartige Anwendungen.

Es wurde ein Programmsystem erstellt, welches die Fehlersuche in technischen Geräten unterstützt. Das zur Diagnose angewandte Wissen ist hierbei explizit in Wissensbasen abgelegt, die

– je nachdem, was für ein Gerät gerade diagnostiziert werden soll, ausgetauscht werden können und
– durch den Nutzer auch ohne große Programmierkenntnisse selbst erstellt und inkre-

mentell verbessert werden können. Das System ist in der Lage, Wissensinhalte, die nur implizit in der Wissensbasis enthalten sind, nutzbar zu machen und seine Vorgehensweise bei der Fehlersuche zu dokumentieren. In die Wissensbasis wurde zunächst der hierarchische Aufbau des zu diagnostizierenden Gerätes aufgenommen. Als Darstellungsmittel auf Nutzerebene schlagen die Autoren ein semantisches Netz vor, dessen Knoten die Funktionsgruppen eines Gerätes symbolisieren und dessen gerichtete Kanten mit der Relation „teil_von" markiert sind. Dieses Netz weist eine Baumstruktur auf. Eine solche Darstellung läßt sich sehr einfach in eine Prolog-Darstellung überführen. Man könnte beispielsweise jeden (nicht terminalen) Knoten des Baumes zusammen mit der Liste seiner Nachfolger in je einem Fakt der Form

teile_von(<Teil,>,[<Teil>],...,<Teil>]).

notieren.

Als nächstes müssen jeder Funktionsgruppe logisch verknüpfte (UND, ODER, NICHT) Symptome zugeordnet werden, die hinreichend dafür sind, daß ein Fehler in dieser Funktionsgruppe liegt. Eine jede solche logische Verknüpfung kann ohne Beschränkung der Allgemeinheit als disjunktive Normalform

$$\bigvee_{i \le n} \bigwedge_{j \le m} \langle Symptom \rangle_{ij}$$

notiert werden. Die Darstellung der Symptome, der logischen Verknüpfung und der Zuordnung zu den Funktionsgruppen konnte in Prolog wie folgt gelöst werden (vereinfacht):

Jedem Symptom (welches durch einen auszugebenden Text charakterisiert ist) wurde ein Kodename zugeordnet und diese Zuordnung als Fakt der Form

symptom(<Kode>,<Text>).

notiert. Die logische Verknüpfung der Symptome in disjunktiver Normalform und deren Zuordnung zu den Funktionsgruppen konnte dargestellt werden als

symptome_von(<Fkt_gr>,[<Fk>,...,
<Fk>]).

, wobei <Fk> Fundamentalkonjunktionen (UND-verknüpfte Symptome) der Form

[<Symptom>,...,<Symptom>]

sind , die ihrerseits ODER-verknüpft sind.

Das Ziel der Fehlersuche besteht nun darin, in dem den Aufbau des Gerätes repräsentierenden semantischen Netz („teil_von – Baum") einen Pfad von der Wurzel (Knoten ohne Vorgänger) bis zu einem terminalen Knoten (Knoten ohne Nachfolger) zu suchen. Der Pfad hat die Eigenschaft, daß für jeden auf diesem Pfad liegenden Knoten die Symptome bestätigt sind. Als Suchverfahren wurde eine Tiefensuche mit Backtrack im „teil_von – Baum" gewählt, die sich in Prolog recht einfach programmieren läßt:

```
diagnostiziere(Teil):–
    teile_von(Teil,Teileliste),
    mitglied(Teilesteil,Teileliste),
    symptome_bestaetigt(Teilesteil),
    diagnostiziere(Teilesteil).
```

Gelingt es nicht, die Symptome für ein „Teilesteil" (indirektes Teil eines Teiles) zu bestätigen, so sorgt der Backtrack-Mechanismus von Prolog dafür, daß eine solche Bestätigung mit dem nächsten Mitglied der Teileliste versucht wird. Gelingt dieses für ein „Teilesteil", so wird durch den rekursiven Selbstaufruf der Prozedur die Suche ab dort nach dem gleichen Verfahren fortgesetzt.

Um die Symptome für ein Teil zu bestätigen, genügt es, eine der Fundamentalkonjunktionen zu bestätigen:

```
symptome_bestaetigt(Teil):–
    symptome_von(Teil,Symptome),
    mitglied(Fund_konj,Symptome),
    bestaetigt(Fund_konj).
```

Um eine Fundamentalkonjunktion zu bestätigen, müssen alle in ihr enthaltene Symptome bestätigt werden:

```
bestaetigt([]).
bestaetigt([Symptom|Restliste]):–
    bestaetige(Symptom),
    bestaetigt(Restliste).
```

Die Realisierung von „bestaetige(Symptom)" ist Bestandteil einer speziellen Dialogkomponente, die hier nicht weiter betrachtet werden soll.

Obwohl die Realisierung des Systems hier nur angedeutet werden konnte, sieht man doch deutlich, daß Prolog für dessen Erstellung ein geeignetes Werkzeug ist.

Literatur

/1/ Knauf,R.; Killenberg, H.: Programmieren in PROLOG. Mikroprozessortechnik, Berlin 1 (1987) 11, S. 339

/2/ Knauf, R.: Untersuchungen zu Aufbau und Implementierung von Expertensystemen und Realisierung eines Diagnosesystems in der Programmiersprache PROLOG. Forschungsbericht, TH Ilmenau, Sektion TBK

/3/ Killenberg, H.; Knauf, R.; Schumann,, H.-J.: Künstliche Intelligenz. Projektionsfolienreihe, Institut für Film, Bild und Ton, Reg.-Nr. HFR 742, Berlin 1988

☒ KONTAKT ☏

Technische Hochschule Ilmenau, Sektion Technische und Biomedizinische Kybernetik, Wissenschaftsbereich Technische Informatik,
PSF 327, Ilmenau, 6300; Tel. 74 561

Experimentalsystem für Mini-MAP

Maike Prager, Hellfried Schumacher
Wilhelm-Pieck-Universität Rostock, Sektion Technische Elektronik

MAP-Projekt
Internationaler Stand

Der internationale Trend zur schrittweisen Automatisierung in der Produktion führte in den letzten Jahren zur Herausbildung von konzentrierten Automatisierungsinseln. Erst relativ spät wurde erkannt, daß für eine vollständige, computergesteuerte Fertigung eine Kommunikation zwischen diesen Inseln erforderlich ist. Bedingt durch die Inkompatibilität der Rechner und Geräte vieler Hersteller erweist sich deren nachträgliche Vernetzung als zu aufwendig und teuer. Deshalb sah man sich gezwungen, ein gemeinsames Projekt zur Vereinheitlichung der Datenkommunikation in der automatisierten Fertigung durchzuführen, um die Marktanteile für eigene Geräte weiterhin zu sichern.

Das Ergebnis dieser Bemühungen liegt seit wenigen Jahren in Form des Manufacturing Automation Protocol (MAP) vor und beinhaltet eine geeignete Auswahl bereits vorhandener Standardisierungsprotokolle aus dem Bereich der Lokalen Rechnernetzwerke (LAN) sowie die Definition noch fehlender Vereinbarungen.

Gleichzeitig mit dem sogenannten MAP-Backbone, das für die Vernetzung aller automatisierungstechnischen Anteile einer Produktion verantwortlich ist, wurde für den bürotechnischen Bereich (Verwaltung, Auftragsentgegennahme, Absatz) das TOP-Projekt entwickelt. Dieses unterscheidet sich natürlich Echtzeitverhalten (Zugriff) bis zur Anwendungsschicht vom MAP.

Der Umfang und die Tragweite des MAP-Projekts spiegelt sich auch im Entwicklungszeitraum wider, der 1981 mit einem Konzept, von General Motors initiiert, begann und dessen stufenweise Verwirklichung sich heute in der aktuellen Version MAP 3.0 niederschlägt. Die trotz enormer Mittel lange Bearbeitungsdauer, die dieses Protokoll vom Konzept bis zur Verwirklichung benötigte, sowie die weltweite Resonanz rechtfertigen wohl eindeutig, daß ein anderer, eigener Entwurf eines solchen Vorhabens die vorhandenen zeitlichen sowie personellen Mittel bei weitem übersteigen würde. Zusätzlich muß man damit rechnen, daß zukünftig die Interfaces der auf dem internationalen Markt erhältlichen Geräte diesem Standard gerecht werden.

MAP ist, ebenso wie andere Standards für Rechnernetze, nach dem OSI-Modell strukturiert. Dieses beinhaltet sieben sogenannte Schichten mit spezifischen Funktionen, z. B. Kodierung, Datenauskopplung, Mediumzugriff, Datensicherung usw. bis zu anwenderspezifischen Aufgaben. Jede Schicht besitzt ein eigenständiges Protokoll und definierte Schnittstellen zum Informationsaustausch mit den benachbarten Schichten. Auf eine genaue Beschreibung dieses Modells soll an dieser Stelle mit Hinweis auf /1/ und /2/ verzichtet werden. Tafel 1 gibt an, welche Standards im Rahmen von MAP für die einzelnen OSI-Schichten vorgeschrieben werden.

Die Implementierung aller sieben Schichten des OSI-Modells im MAP-Backbone hat, bedingt durch Overheads, die durch schichtenspezifische Protokollinformationen entstehen, eine Verringerung der Nettodatenrate sowie einen geringeren Datendurchsatz durch die Schichten zur Folge. Das heißt, trotz echtzeitfähigen, deterministischen Mediumzugriffs und hoher Datenübertragungsrate ist das Backbone für Automatisierungslösungen mit harten Echtzeitanforderungen bzw. für Insellösungen, also Produktionszellen, nicht anwendbar.

Diese Forderungen haben schon sehr kurz nach dem Entwurf des MAP-Konzepts ihren Niederschlag in der sogenannten Mini-MAP-Architektur bzw. in der MAP-EPA (Enhanced Performance Architecture) gefunden.

Tafel 1 Internationale Standards für die einzelnen OSI-Schichten

OSI-Schicht	MAP-Backbone	Mini-MAP
7 (Anwendung)	MMS (RS-511) ISO FTAM	MMS (RS-511) ISO FTAM
6 (Darstellung)	ISO PRESENTATION	NULL
5 (Sitzung)	ISO SESSION Kernel	NULL
4 (Transport)	ISO Transport Class 4	NULL
3 (Vermittlung)	ISO INTERNET Protocol	NULL
2 (Verbindung) LLC MAC	IEEE 802.2 Type 1 IEEE 802.4 Token Bus	IEEE 802.2 Type 3 IEEE 802.4 Token Bus
1 (Übertragung)	IEEE 802.4 Broadband (10 MBit/s)	IEEE 802.4 Carrierband (5 MBit/s)

Bei diesen Architekturen wird durch Auslassen der OSI-Schichten 3 bis 6 (vergleiche Tafel 1) der Overdead reduziert, was zu einem Nettodatendurchsatz von etwa 250 KBit/s im Gegensatz zum Backbone (120 ... 150 KBit/s) führt (Angaben laut /3/, /4/). Der Netzwerktyp des Mini-Map entspricht dem des Backbone, das heißt, das Token-Passing-Verfahren und die Busstruktur bleiben erhalten (siehe Abschnitt *Übertragungsschicht)*.

Dieses Netzwerk ist als weitaus kostengünstiger und schneller realisierbar anzusehen.

Bei der Konzeption der Arbeit an der Sektion Technische Elektronik, die vor etwa 2 Jahren begann, ließen wir uns von diesem Mini-MAP leiten und versuchten, dabei eigene Formen der Realisierung zu finden. Da die EPA-Form aber kompatibel zum Backbone ist, läßt sich darauf aufbauen.

Übertragungsschicht

Es gibt zwei unterschiedliche Techniken zum Aufbau eines MAP-gerechten Token-Bus-LAN: Breitband und Carrierband (Tafel 2). Diese sind im IEEE-Standard 802.4 als *Broadband Bus Physical Layer* bzw. *Single-Channel Phase-Coherent FSK Bus Physical Layer* definiert /5/. Beide verwenden 75-Ohm-Koaxialkabel als Übertragungsmedium. Es gibt außerdem Bestrebungen, eine dritte Variante, die auf der Verwendung von Lichtwellenleitern basiert, zu standardisieren /6/.

Tafel 2 Carrierband und Breitband

	Carrierband	Breitband
Datenrate	5 MBit/s	(5 MBit/s), 10 MBit/s
Anzahl der Kanäle	1	je nach verfügbarer Kabelbandbreite
Modulationsverfahren	phasenkohärente Frequenzumtastung	zweifach binäre Amplitudenmodulation/Phasenumtastung
Übertragungsmedium	75-Ohm-Koax-Kabel	75-Ohm-Koax-Kabel
Verkabelung	ähnlich CATV (passive Komponenten)	ähnlich CATV (mit Frequenzumsetzer)
Signalübertragung	bidirektional	unidirektional

Das Breitband-Verfahren beruht auf der Unterteilung der verfügbaren Kabelbandbreite in mehrere Übertragungskanäle, wobei Sende- und Empfangskanäle unterschieden werden, da die Übertragung innerhalb eines Kanals nur in einer Richtung erfolgt. Zur Signalumsetzung zwischen Sende- und Empfangskanälen dienen Frequenzumsetzer (Head-End-Remodulator). Dieses Verfahren ermöglicht auch die Einrichtung mehrerer Netze auf einem Kabel. Da die Festlegung des Standards entsprechend den Normen des Kabelfernsehens (Community-Antenna Television, CATV) erfolgte, sind die hierfür entwickelten Übertragungssysteme verwendbar. Gegebenenfalls können freie Kanäle eines CATV-Systems genutzt werden. Wegen der erforderlichen aktiven Übertragungssysteme (Frequenzumsetzer) ist die Installation eines Breitband-LAN sehr material- und kostenaufwendig. Im Rahmen von MAP sind Breitbandnetze als fabriksübergreifende Backbone- (Rückgrat-) Netze vorgesehen.

Für kostengünstigere Realisierungen sieht der MAP-Standard das Carrierbandverfahren vor. Ein Carrierbandsystem hat nur einen Kanal. Alle Teilnehmer senden und empfangen auf einer Frequenz. Im Unterschied zur verbreiteten Basisbandübertragung wird das Signal jedoch moduliert. Die Übertragung auf dem Medium erfolgt bidirektional, es sind also keine Remodulatoren oder ähnliches erforderlich. Carrierbandnetze werden im Rahmen von MAP als Subnetze zur Verbindung von programmierbaren Steuerungen, Robotern, CNC-Maschinen und ähnlichem innerhalb einer Produktionszelle Verwendung finden. Die Verbindung dieser Netze mit dem übergeordneten Backbone erfolgt durch sogenannte Bridges (vergleiche Bild 1). Dabei ist auch eine Kombination von Bridges und Funktionen zur Steuerung und Koordinierung der Fertigungszelle in einem sogenannten Zell-Controller möglich /3/.

Bild 1 MAP-Backbone und Subnetz

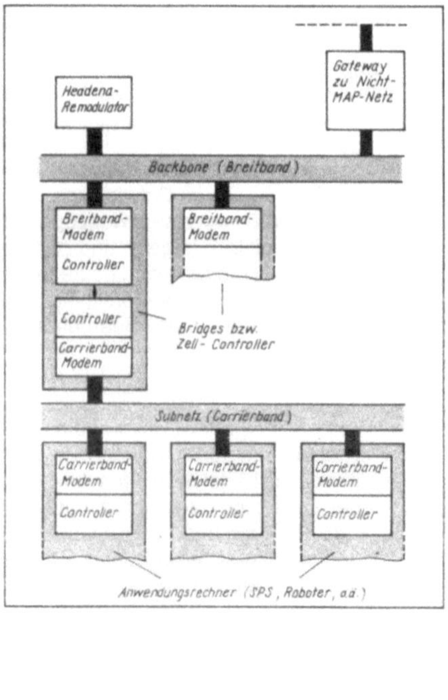

Mediumzugriff

Der Mediumzugriff wird durch die Medium-Access-Control-Subschicht (MAC) realisiert. Diese bildet den unteren Teil der Verbindungsschicht (Schicht 2 des OSI-Modells).

Im MAP-Standard wird der Token-Bus-Algorithmus nach IEEE 802.4 /5/ vorgeschrieben. Dieser setzt als Netzwerktopologie (Struktur) den Bus voraus. Auf diesem Bus wird zwischen den Stationen ein logischer Ring aufgebaut, auf dem das Token und mit ihm das Zugriffs- und Senderecht ständig kreist. Dieser Ring ist dynamisch, das heißt, nicht alle Stationen müssen ständig im Ring sein, können aber in periodischen Abständen in den Ring aufgenommen werden bzw. ihn zu jeder Zeit (bis auf den aktuellen Token-Besitzer) verlassen. Dabei ist nicht zwingend, unbedingt Sendedaten zu haben, um Ringmitglied zu sein. Das ist besonders für Stationen mit seltenen aber dringenden Sendungen vorteilhaft und wird mit Hilfe von Managerparametern des Netzwerkmanagers verwirklicht. Im statischen, also unveränderten, Zustand ist dieser logische Ring mit dem Token-Ring vergleichbar, wenn man von der Quell- und Zieladressierung absieht.

Die Stationseinfügung wird vom aktuellen Token-Besitzer zu festlegbaren Zeitpunkten mit Hilfe unterschiedlichster Steuerframes realisiert und gestattet Stationen, deren Adressen sich zwischen Ziel- und Quelladresse des Tokens befinden, in den Ring zu gelangen.

Bewerben sich mehrere Stationen gleichzeitig um eine Ringaufnahme, wird dieser Mechanismus allerdings relativ zeitaufwendig und kompliziert, da der Token-Besitzer eine Station auswählen muß. Dafür wurde der sogenannte „Response-Window-Process" geschaffen, ein Prozeß, bei dem nach entsprechender Reaktion des Token-Besitzers die anfordernden Stationen entsprechend ihren Adreßbits unterschiedlich reagieren und somit nach Prozeßende nur eine Station übrigbleibt.

Der Token-Bus-Algorithmus garantiert die Behebung solcher Fehler wie Verlust oder Mehrfachauftreten eines Tokens. Die Station, die das Token besitzt, ist in der Lage, Datensendungen zu übertragen. Die Anzahl der übertragenen Datenframes, die maximal 8 KByte lang sind, richtet sich nach der sogenannten Tokenhaltezeit, das heißt die Zeit, die einer Station zur Sendung zur Verfügung steht.

Um das Token sicher weiterzureichen, wird der Bus nach Weitergabe für eine bestimmte Zeitdauer abgehört und bei Bedarf ein neuer Nachfolger bestimmt.

Bei Implementierung des geforderten Prioritätsalgorithmus wird mit Unterstützung von prioritätsspezifischen Timern eine entsprechende Priorisierung der Sendungen erreicht.

Dieser Algorithmus ermöglicht auch, daß der Tokenumlauf unterbrochen wird und das Token zu Stationen mit höherpriorisierten Sendungen umgeleitet wird.

Nach Abarbeitung aller zeitkritischen Sendungen wird das Token wieder zur unterbrochenen Station zurückgereicht.

Als letztes soll der Hinweis genügen, daß sowohl Broadcastsendungen (an alle Stationen) als auch Multicastsendungen (an bestimmte Zielgruppen) in der Adressierung vorgesehen sind. Die Länge der Adresse wurde vom MAP-Standard auf 6 Byte festgelegt. Die Behandlung der eigentlichen Nutzerdaten erfolgt durch die MAC-Zwischenschicht nicht. Diese Nutzerdaten werden sofort zur Datensicherungsschicht (LLC) weitergereicht, sofern sie fehlerlos, das heißt mit gültigem FCS empfangen worden sind.

Datensicherungsschicht

Der MAP-Standard schreibt, wie schon erwähnt, als Datensicherungsschicht (Logical-Link-Control, LLC) den verbindungslosen Dienst des Standards IEEE 802.2 /7/ vor. Aufgabe dieser Schicht ist es, die empfangenen Nutzdaten zu behandeln und die zu sendenden Daten für die Sendung vorzubereiten, indem unter anderem die MAC über einen notwendigen Zugriff informiert wird. Der verbindungslose Dienst ist dabei im Gegensatz zum verbindungsorientierten Dienst, der ebenfalls Bestandteil des IEEE 802.2 ist, die einfachste Realisierungsvariante und demzufolge auch die mit dem schnellsten Datendurchsatz durch die zweite Schicht.

Es handelt sich dabei um ein unquittiertes Protokoll, das heißt, nach Erlangen des Netzwerkzugriffs wird zunächst durch entsprechende Steuerframes mit der Zielstation eine Verbindung aufgebaut und von dieser auch bestätigt. Nach Aufbau dieser Verbindung werden die eigentlichen Datenframes ohne Bestätigung und unnumeriert hintereinander übertragen, solange es die Tokenhaltezeit erlaubt.

Es ist offensichtlich, daß diese Art der Datenübertragung mit einem verhältnismäßig geringem Overhead durch wenig LLC-Steuerframes belastet wird. Es muß aber bemerkt werden, daß bei mehreren zusammengehörenden Datenframes der Verlust eines Frames zumindest durch die LLC-Schicht nicht bemerkt wird, so daß die nächst höhere Schicht für eine entsprechende Datensicherung Sorge tragen muß. Die Funktionen der Fehlererkennung und Rückgewinnung müssen also durch das Protokoll der Schicht 4 (Transportschicht) übernommen werden. Da das Mini-MAP-Protokoll aber auf die Schichten 3 bis 6 verzichtet, mußten hier andere Formen der Datensicherung gefunden werden.

Der verwendete LLC-Dienst Typ 3 des Standards IEEE 802.2 wird diesen Forderungen gerecht, indem er Funktionen des ANSI-Proway-Standards beinhaltet, die wahlweise eine Datensendung mit Quittierung (SDA, send data with acknowledge service) bzw. eine Datenanforderung mit Wiederholungen (RDR, request data with reply service) gestatten /8/, /9/. Diese Funktionen sind als Option anzusehen, da in den meisten Fällen der Automatisierung unter Echtzeitbedingungen sehr häufig und hierbei relativ kurze Parameter oder Resultate übertragen werden, die in nur einem Datenframe (maximal 8 KByte) untergebracht werden können.

Der Verlust nur eines Datenframes wird aber bemerkt, da nach Verbindungsaufnahme innerhalb einer festgelegten Zeit mindestens ein Datenframe erwartet wird und deshalb reagiert werden kann.

Anwenderschicht

Bei der Implementierung der Applikations- oder auch Anwenderschicht ließen frühere MAP-Versionen die meisten Freiheiten zu, was einen für den Anwender größeren Implementierungsaufwand zur Folge hatte. Die letzte Version MAP 3.0. bietet aber eine anwenderfreundlichere Schnittstelle, sowohl für den Filetransfer als auch für Automatisierungsprotokolle, die unter anderem nach den Standards FTAM und RS-511 realisiert werden /10/.

Für das Mini-MAP entstanden verschiedene Vorstellungen für diese Schicht. Im EPA wird eine vollständige Kompatibilität zum MAP-Backbone mit der Wahl des *Manufacturing Message Service* (RS-511) angestrebt.

Um besonders zeitkritischen Anwendungen Rechnung zu tragen, hat sich aber seit den MAP-Anfängen auch ein Konzept gehalten, das in der aufgesetzten Schicht lediglich ein *Objekt Dictionary System* beinhaltet. Hier würden dann die aktuellen Variablen bzw. Prozeßparameter von CNC-Maschinen, programmierbaren Steuerungen und ähnlichen abgespeichert und somit ständig abrufbar sein. Außerdem muß natürlich eine entsprechende Schnittstelle zur LLC-Schicht realisiert werden. Solch ein Konzept mit minimalem Overhead und größtem Datendurchsatz wäre für viele Automatisierungslösungen sicher akzeptabel.

Es wäre allerdings auch denkbar, einen Filetransfer zu implementieren, um z. B. zu Beginn einer Automatisierungsaufgabe die einzelnen Stationen des Systems zu initialisieren bzw. neu zu programmieren.

Produkte

Entsprechend einem Stufenprogramm wurden erste praktische Realisierungen von MAP-Netzwerken ab etwa 1984 vorgestellt. Diese noch sehr kostenaufwendigen Lösungen dienten nicht nur zu Experimentalzwekken, sondern auch zur Demonstration der MAP-Philosophie, das heißt dem Nachweis, daß inkompatible Systeme verschiedener Hersteller über ein gemeinsames Netz kommunizieren können. Als Beispiel sei die sehr werbewirksame Vorstellung eines Modellnetzes auf der Ausstellung *Autofact '85* in Detroit genannt /11/.

Die zu einer kostengünstigen MAP-Implementierung erforderlichen Baugruppen und Systeme werden seit etwa 1986 von einigen, meist US-amerikanischen Herstellern angeboten. Diese Erzeugnisse umfassen spezielle Schaltkreise, Interface-Baugruppen und Software.

Zu den Schaltkreisen gehören Token-Bus-Controller (TBC) für verschiedene Mikroprozessorfamilien, z. B. MC 68824 von Motorola /12/ und SAB 82510 von Siemens (siehe Kasten). Das sind VLSI-Schaltkreise, die sämtliche Funktionen der MAC-Subschicht entsprechend IEEE 802.4 auf einem Chip realisieren (Bild 2). Außerdem wurden verschiedene Interface-Schaltkreise für die digitalen Funktionen der physikalischen Schicht entwickelt, z. B. von Motorola der Broadband-Interface-Controller (BIC) MC 68184 und das Carrierband-Modem (CBM) MC 68194 sowie von Siemens das Carrierband-Modem SAB 82511.

Solche Schaltkreise bilden die Grundlage für verschiedene Interface-Leiterkarten, die als OEM-Baugruppen für die international verbreiteten Bussysteme angeboten werden, z. B. MVME372 von Motorola /12/, iSXM554 von Intel /13/, Serie 1200 von Concord Communications /14/ und MM-400, MQ-400, MV-400, MP-500 von Industrial Networking Incorporated. Zusammen mit entsprechenden Modem-Baugruppen gestatten diese Controller-Leiterkarten eine relativ einfache und kostengünstige vollständige MAP-Implementierung. Die Protokolle der höheren OSI-

MAP-Controller auf einem Chip

Für Manufacturing Automation Protocol (MAP) bietet Siemens jetzt auch den Token-Bus-Controller SAB 82510 an (siehe Bild). Zusammen mit einem vor Jahresfrist vorgestellten MAP-Modem (SAB 82511) bildet der CMOS-Controller in der automatisierten Fabrik der Zukunft die Schnittstelle zwischen dem Systembus in den Geräten bzw. Anlagen und dem Kabel des Token-Bus, der sämtliche Stationen eines derartigen Netzwerkes verbindet. Der neue Token-Bus-Controller integriert die komplette Hardware von Schicht 2a des OSI-Modells, für die bisher eine aufwendige Baugruppe im Format von etwa 200 × 160 mm benötigt wurde. Das MAP-Modem integriert OSI-Schicht 1.

Der neue Token-Bus-Controller von Siemens entspricht IEEE 802.4 als der international verbindlichen Richtlinie für die Vernetzung der Fabrik der Zukunft. Die aufwendige Logik des Bausteins wird mit rund 100000 Transistorfunktionen bewältigt. Für den Datentransfer über Koaxialkabel von wahlweise 1 oder 5 MBit/s sowie 10 MBit/s verfügt der Chip des MAP-Controllers SAB 82510 über einen eigenen DMA-Controller. Eine Transferrate von 20 MBit/s für Glasfaserbetrieb wird vorbereitet.

Auf dem Wege zur effizienten Fabrik der Zukunft werden die beiden MAP-Bausteine als Meilensteine angesehen. Über den Vorteil der Integration bisher individuell aufgebauter Baugruppen hinaus bieten die Einchiplösungen für die OSI-Schichten 1 und 2 eine Voraussetzung, um Geräte bzw. Stationen unterschiedlicher Hersteller komplikationsfrei vernetzen zu können. Die Spezifikationen von IEEE 802.4 sichern einheitliche Interfaces für unproblematischen Datenübergang. Der Wildwuchs bisheriger Individuallösungen in diesem Bereich macht die Vernetzung unnötig aufwendig und kompliziert. Für eine herkömmliche MAP-Controller-Baugruppe muß im Vergleich zu einer Einchiplösung etwa der zehnfache Betrag aufgewendet werden. *MP*

TERMINE

9. Zuverlässigkeitstagung „Qualität und Zuverlässigkeit in automatischen Produktionsprozessen"

WER? Fachverband Elektrotechnik der KDT
WANN? 11./12. Mai 1989
WO? Leipzig
WAS?
- theoretische Grundlagen der Zuverlässigkeitstechnik
- Ausfallmechanismen und Ausfallanalyse
- Fertigungsprozeß und Zuverlässigkeit
- Zuverlässigkeit unter Umgebungsbeanspruchungen
- Qualität der Software

WIE? Teilnahmemeldungen bitte an Kammer der Technik, Präsidium, Fachverband Elektrotechnik, Clara-Zetkin-Straße 115–117, Berlin, 1086

Hoppe

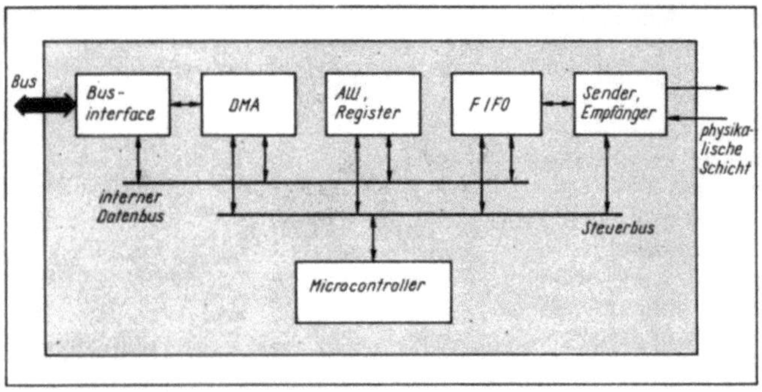

Bild 2 Struktur eines Token-Bus-Controllers (TBC)

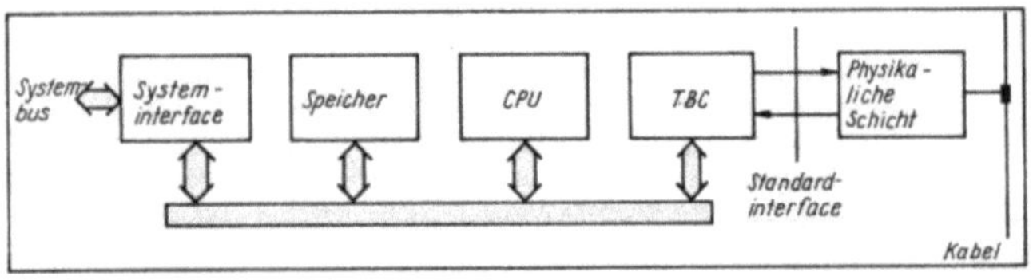

◀ Bild 3 MAP-Interface mit TBC

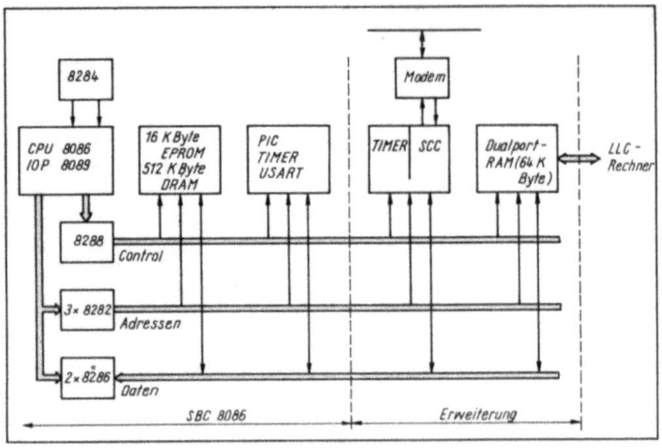

Bild 4 Blockschaltbild der Controllerbaugruppe

Schichten, also LLC-Subschicht bis Schicht 7, werden softwaremäßig realisiert, was auf der Controller-Leiterkarte sowohl eine leistungsfähige 16- bzw. 32-Bit-CPU als auch eine entsprechende Speicherkapazität erfordert. Bild 3 zeigt ein allgemeines Blockschaltbild solcher Controller. Die Kommunikationssoftware umfaßt entsprechende Routinen für jede OSI-Schicht, die unter einem Echtzeitkern laufen. Soweit angegeben (/12/, /15/, /16/), wurden die Programme in C geschrieben.

Mini-MAP-Experimentalsystem

Hardware

Um eigene praktische Untersuchungen an einem Token-Bus-LAN zu ermöglichen, wurde eine entsprechende Controller-Baugruppe entwickelt. Ausgehend vom derzeit verfügbaren Bauelementesortiment wurde eine Variante gewählt, welche einige Funktionen der physikalischen Schicht und der MAC-Subschicht hardwaremäßig realisiert und die softwaremäßige Implementierung der restlichen MAC-Funktionen (Zugriffsverfahren) ermöglicht.

Kernstück der Baugruppe (vergleiche Bild 4) ist ein Single-Board-Computer (SBC) mit dem Mikroprozessor 8086, eine Weiterentwicklung des in /17/ vorgestellten SBC 8086. Dieser wird ergänzt durch

- ein schnelles serielles Interface mit dem Serial Communication Controller (SCC) U 82530 /18/, der eine Datenübertragung entsprechend SDLC mit maximal 1 MBit/s gestattet
- ein einfaches Modem einschließlich Leitungstreiber und -empfänger
- einen I/O-Koprozessor 8089 zur schnellen Datenübertragung zwischen SCC und Speicher (DMA)
- zusätzliche Timer zur Realisierung der Zeitverläufe innerhalb der MAC
- Dual-Port-RAM zur Datenübergabe an einen übergeordneten Rechner (weiterer SBC), welcher die Funktionen der höheren OSI-Schichten realisiert.

Auf der Grundlage dieses Controllers läßt sich ein Token-Bus-LAN aufbauen, das allerdings nicht vollständig dem Standard IEEE 802.4 entspricht. Abweichungen, z. B. hinsichtlich der elektrischen Parameter, der Übertragungsgeschwindigkeit, Symbolkodierung und Frame-Format, müssen in Kauf genommen werden. Es werden aber keine Einschränkungen bezüglich des Token-Bus-Verfahrens notwendig, das heißt, das LAN wird in Bus-Topologie aufgebaut und der Mediumzugriff entsprechend IEEE 802.4 realisiert.

Mit dem beschriebenen Aufbau sind Untersuchungen zur Leistungsfähigkeit des Token-Bus-Algorithmus möglich. Außerdem bildet er eine Grundlage für die Realisierung der höheren Schichten. Es ist vorgesehen, die Software für die höheren OSI-Schichten auf einem weiteren SBC unterzubringen. Für diese Aufteilung auf zwei eigenständige Rechner sprechen folgende Überlegungen: Erstens wird durch die gleichzeitige Bearbeitung von MAC und der übrigen Schichten die Leistungsfähigkeit des Systems und damit der Datendurchsatz erhöht. Zweitens ist der MAC-Algorithmus relativ rechenaufwendig und stellt sehr hohe Echtzeitanforderungen. Trotz der vergleichsweise niedrigen Datenrate von 1 MBit/s erfordert beispielsweise der *Response-Window-Process* Reaktionszeiten von nur wenigen Mikrosekunden. Diese könnten z. B. bei einer Multitask-Abarbeitung nur schwer garantiert werden. Drittens ermöglicht die Modularität dieses Konzepts gegebenenfalls den Austausch des Controller-SBC durch einen integrierten Token-Bus-Controller.

Software

Das Gesamtkonzept ist modular gestaltet. Jede Schicht setzt sich dabei aus einer Gruppe von Routinen zusammen und wurde mit der Programmiersprache C erstellt.

Kennzeichnend für das OSI-Modell ist die Informationsübermittlung zwischen den Schichten, die durch sogenannte Dienstprimitiven erfolgt. Diese enthalten sowohl Steuerinformationen als auch gegebenenfalls Zeiger auf die Daten. Das Umschalten zur Abarbeitung einer bestimmten Schicht im Anforderungsfall wird zur Zeit mit Hilfe eines Kernprogramms im Polling betrieben, das heißt, je nach Bedarf erhält die entsprechende Schicht CPU-Zeit. Die Dienstprimitiven werden dabei durch Speicheroperationen übergeben.

Um eine möglichst problemlose und quasiparallele Abarbeitung mehrerer Sende- oder Empfangsanforderungen zu garantieren, wird die Einbindung der LLC-Schicht, Applikationsschicht und des Netzwerkmanagers in das Echtzeit-/Multitasksystem BOS 1810 erfolgen. Jede Schicht wird dabei als selbständige Task ausgeführt. Die Kommunikation unter den Schichten erfolgt mit Hilfe von Objekt-Queues (Objekt-Warteschlange), wobei für jede Schicht eine gesonderte Warteschlange vorgesehen ist.

Die Primitivenübergabe zwischen der LLC und der MAC-Subschicht, die aus genannten Gründen nicht unter BOS 1810 läuft, wird über einen Dualport-RAM erfolgen.

Bei der Realisierung des Mediumzugriffs (Token-Bus-Algorithmus) sowie der Datensicherung wurde ausschließlich auf die vorgeschriebenen Standards IEEE 802.4 und IEEE 802.2 sowie auf die genannten MAP-spezifischen Anforderungen Bezug genommen.

Zum Token-Bus-Algorithmus bleibt anzumerken, daß die ständigen dynamischen Veränderungen in der Reihenfolge des Tokenumlaufs natürlich sehr zeitintensiv sind. Deshalb ist auch je nach Netzwerklast, Häufigkeit der Sendeanforderungen, durchschnittlicher Länge sowie Prioritäten der Datensendungen eine sorgfältige Wahl aller dafür verantwortlichen Managerparameter und Zeitkonstanten erforderlich. Es wird aber garantiert, daß durch entsprechende Kombination der Parameter priorisierte Sendungen innerhalb eines Zeitlimits übertragen werden.

Aussagen über die Abhängigkeit der Parameter von den erforderlichen Echtzeitanforderungen sowie über erreichbare minimale Übertragungszeiten werden ein Hauptbestandteil unserer weiteren Untersuchungen werden. Die Implementierung der Datensicherungsschicht (LLC) erfolgte zunächst ohne die im Abschnitt *Datensicherungsschicht* genannte Option einer Datensendung mit Quittierung bzw. einer Datenanforderung mit Wiederholungen, die für das EPA-Mini-MAP bindend ist. In einer späteren Implementierungsphase soll sie berücksichtigt werden, um Aussagen über Vergleiche beider Versionen treffen zu können.

Unsere Lösung sieht vor, für die aufgesetzte Applikationsschicht neben einem im Abschnitt *Anwenderschicht* beschriebenen Objekt-Dictionary-System auch einen Filetransfer zu realisieren.

Da die Schnittstelle zur LLC-Schicht gleich ist, wäre in späteren Zeiträumen auch ein kompletter Austausch durch die Applikationsschicht des EPA-Modells grundsätzlich möglich. Zusätzlich zu diesen Schichten wird ein Netzwerkmanager realisiert, der es dem Nutzer gestattet, sowohl echtzeitspezifische Parameter für die MAC-Schicht zu verändern als auch statistische Informationen z. B. über den aktuellen Abarbeitungszustand der einzelnen Sendungen innerhalb des Netzwerkes oder über Fehlerquoten zu erhalten.

Literatur

/1/ Heymer, V.: Lokale Rechnernetze mit OSI-Architektur. Mikroprozessortechnik 1 (1987) 3, S. 74
/2/ Loeffler, H.: Lokale Netze. Berlin: Akademie-Verlag 1987
/3/ Segl. E.: Zellenstruktur am MAP-Backbone. Elektronik (1986) 10, S. 128
/4/ MiniMAP-Standard zum Anfassen. industrie-elektrik + elektronik (1987) 8, S. 6
/5/ ISO/Draft International Standard 8802/4, 1984
/6/ Sablehaus, M.: Fiber optics and MAP. I&CS (1986) 11, S. 67
/7/ IOS/Draft International Standard 8802/2, 1984
/8/ Crowder, R. S.: Putting MAP/TOP products into perspective. I&CS (1986) 11, S. 49
/9/ Hollingum, J.: The MAP Report, Manufacturing Automation Protocol. Berlin (W), Heidelberg, New York, Paris, Tokyo: Springer Verlag 1987
/10/ Simon, Th.: Neue MAP-Schnittstellen für die Anwendungsschicht. Hard and Soft (1987) 11, S. 42
/11/ Dieterle, G.: Der Weg zu MAP und TOP. Automatisierungstechnische Praxis (1986) 4, S. 162
/12/ Interfaceplatinen für Breit- und Carrierband. Elektronik (1986) 8, S. 188
/13/ Kits offer MAP application development solution. Computer Design (1987) 15, S. 147
/14/ LAN controller converts PC to industrial workstation. Computer Design (1986) 22, S. 76
/15/ MAP-Controller für verschiedene Bus-Systeme. Elektronik (1987) 12, S. 50
/16/ Hard- und Software nach dem ISO/OSI-Standard. Elektronik (1985) 21, S. 42
/17/ Münzer, B.-G., Stachowiak, T.: 16-Bit-Signle-Board-Computer SBC 8086. Mikroprozessortechnik 1 (1987) 7, S. 200
/18/ Serielle Ein-/Ausgabesteuerung U 82530 DC/U 8030 DC. VEB Mikroelektronik „Karl Marx" Erfurt, 1987

✉ KONTAKT ☏

Wilhelm-Pieck-Universität Rostock, Sektion Technische Elektronik, Wissenschaftsbereich Computertechnik, Albert-Einstein-Straße 2, Rostock, 2500; Tel. 4 53 66

Innovative Computerarchitektur – Transputer

Dr. Jürgen Schlechter,
Salaheddin Dabbagh
Technische Universität Dresden, Sektion Informationstechnik

Zielstellung des folgenden Kurzbeitrages ist es, die innovative Architektur Transputer an Hand von gegenwärtig international angebotenen Schaltkreisen der Transputer-Familie, der Hochsprache OCCAM und der potentiell vorhandenen Anwendungsmöglichkeiten in der Telekommunikationstechnik vorzustellen.

Schaltkreise der Transputer-Familie

Der Begriff *Transputer*, vor etwa drei Jahren von der britischen Firma Inmos kreiert, hat sich inzwischen auf dem Gebiet innovativer Computerarchitekturen etabliert. Die Wortschöpfung *Transputer* soll dabei auf die Universalität wie beim Transistor und die Komplexität des Computers, von dem auch die Wortwendung herrührt, verweisen.

Der Transputer ist in seiner vervielfachten Nutzung speziell zur Realisierung arrayförmiger Strukturen, die vor allem Parallelverarbeitung ermöglichen, entwickelt worden. Er repräsentiert den allgemeinen Trend: „Weg vom Bus – hin zur Struktur". Die folgende Darstellung (Bild 1) zeigt dabei mögliche Gedankengänge der Entwickler.

Der gegenwärtig leistungsfähigste Transputer ist der IMS T800, der als Weiterentwicklung des IMS T424 vor allem über eine zusätzliche Gleitkommaarithmetikeinheit verfügt.

Die weiteren Transputer-Schalkreise sind hauptsächlich auf die umfassende Nutzung des Link-Konzeptes ausgerichtet. So gewährleisten die Link-Adapter-Schaltkreise IMS C011 und IMS C012 eine Umsetzung von bytebreiten parallelen Schnittstellen in das serielle Link-Interface des Transputers. Das Transputer-Link-Protokoll ist dabei eine äußerst einfach gehaltene Vereinbarung über die serielle Datenübertragung in Form einer Punkt-zu-Punkt-Verbindung ohne direkt implementierte Fehlererkennungsmaßnahmen. Es wird über die Anschlüsse LinkOut (serieller Ausgabekanal) und LinkIn (serieller Eingabekanal) der Transputer-Schaltkreise abgewickelt (siehe Bild 2).

Dabei ist es durchaus möglich, über beide Kanäle eine Vollduplex-Übertragung durchzuführen, wobei in dieser Betriebsart die Nettoübertragungsrate selbst im Idealfall (Ein- und Ausgabeprozesse sind sofort aktionsfähig) für jeden Kanal dann auf maximal 61,53 % der Bruttoangaben zurückgeht.

Der Link-Switch-Schaltkreis IMS C004, der in einem 84poligen Pin-Grid-Gehäuse untergebracht ist, gestattet, 32 Link-Eingänge über einen Kreuzschienenverteiler (Crossbar-Matrix) auf 32 Link-Ausgänge durchzuschalten. Die entsprechende Zuordnung wird über ein spezielles Konfigurationslink (ConfigLinkIn/ConfigLinkOut) eingestellt und abgefragt. Mit diesem Schaltkreis ergeben sich weitere Möglichkeiten, auch dynamisch veränderbare Transputerstrukturen zu realisieren.

Der Transputer und OCCAM

Der Transputer und die Hochsprache OCCAM sind zusammen entworfen worden und bilden deshalb eine Einheit. Das OCCAM-Konzept hat zu einer im Verhältnis zu anderen Hochsprachen einfach strukturierten und überschaubaren Programmiersprache geführt, die insbesondere für Echtzeit- und Parallelverarbeitung Vorteile bietet. Die Idee des OCCAM-Programmiermodells besteht dabei in folgenden Grundsätzen:

Bild 1 Grundidee des Transputers
(P – Prozessor, M – Memory, T – Transputer)

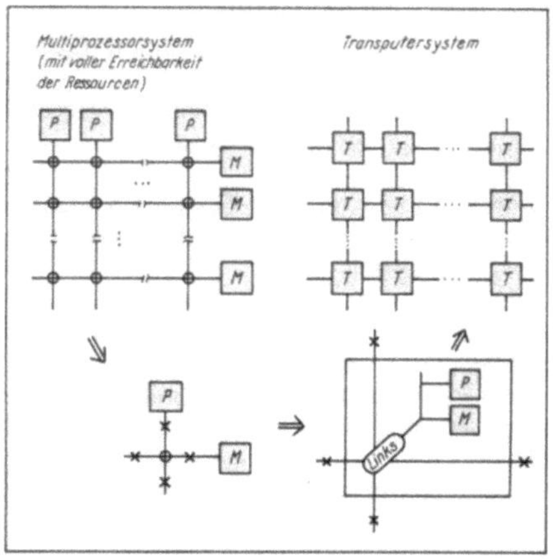

In OCCAM werden Prozesse in Form von konkurrenten Systemen verbunden. Jeder Prozeß kann als „Black Box" mit internen Zuständen dargestellt werden, wobei die Prozesse über die Punkt-zu-Punkt-Verbindung der Links miteinander kommunizieren können. Die Prozesse können genutzt werden, um eine Vielzahl unterschiedlicher Tatbestände (von der Logik-Nachbildung bis zur Verwaltungs-Aufgabe) zu repräsentieren.

Die Prozesse sind in sich selbst geschlossen. Jeder Prozeß startet, realisiert eine bestimmte Anzahl von Aktionen und schließt dann. Eine Aktion kann formuliert werden durch: das Setzen von sequentiellen Abläufen (Prozessen), einer nach dem anderen wie in konventionellen Programmiersprachen, oder auch, und das ist sehr wesentlich, als eine Anzahl von parallelen Abläufen (Prozessen), die gleichzeitig ausgeführt werden können.

Ein Prozeß kann also selbst wieder aus einer Anzahl von Prozessen bestehen. Allgemein wird ein Prozeß aus den folgenden drei Primitiven konstruiert: Ausführung, Eingabe, Ausgabe. Ein in dieser Sprache implementiertes Schlüsselkonzept besteht darin, daß die Kommunikation synchronisiert und ungepuffert abläuft. Die Kommunikation läuft ab, wenn beide an der Kommunikation beteiligten Prozesse (der Eingabe- und der Ausgabeprozeß) bereit sind.

Da ein Prozeß eine interne Gleichzeitigkeit aufweisen kann, ist durch die Vielzahl der E/A-Links die gleichzeitige Kommunikation möglich. Als ein Wesensmerkmal des im Transputer implementierten OCCAM-Konzepts kann deshalb das Prinzip von Gleichzeitigkeit und Kommunikation angesehen werden. Das OCCAM-Prozeßmodell läßt sich dabei auf die unterschiedlich ausgebauten Hardware-Transputer-Systeme umsetzen. Die Konfiguierung des Systems (unter anderem welche Prozesse mit welchen Kommunikationsbeziehungen auf welchen Transputern laufen sollen) muß allerdings über ein Entwicklungssystem generiert werden.

So kann das gleiche OCCAM-Programm auf einer unterschiedlichen Anzahl von Transputer-Konfigurationen implementiert werden. Eine Konfiguration z. B. optimiert in bezug

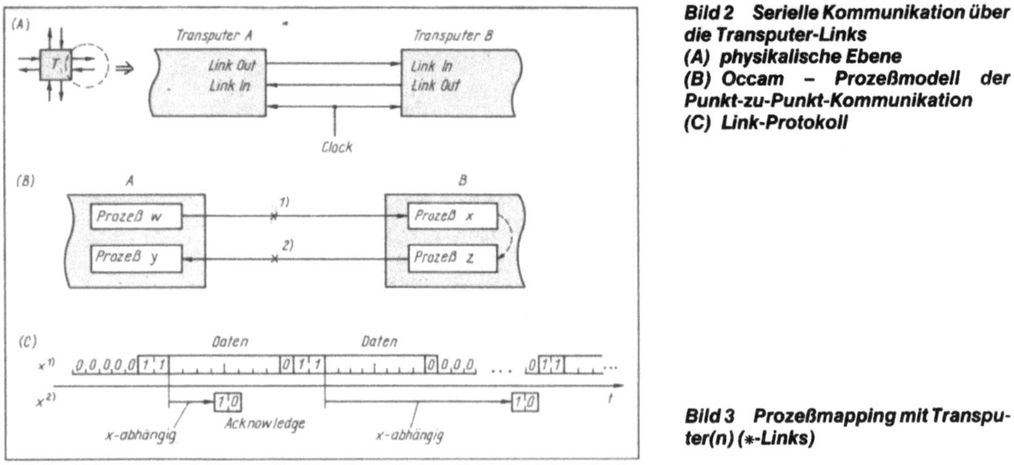

Bild 2 Serielle Kommunikation über die Transputer-Links
(A) physikalische Ebene
(B) Occam – Prozeßmodell der Punkt-zu-Punkt-Kommunikation
(C) Link-Protokoll

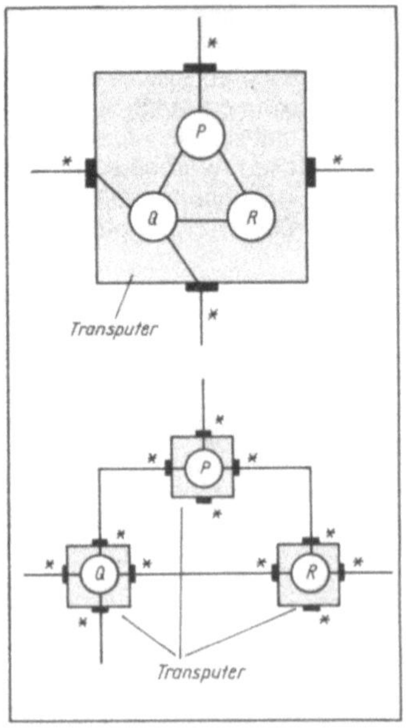

Bild 3 Prozeßmapping mit Transputer(n) (∗-Links)

auf die Kosten, eine andere auf Leistungsfähigkeit, oder wiederum andere stellen einen Kompromiß zwischen Kosten und Leistungsfähigkeit dar. Zur Verdeutlichung dieses Prinzips soll in Bild 3 das Prozeßmapping in einem oder verschiedenen Transputern aufgezeigt werden.
Wie bereits erwähnt, bietet das in OCCAM enthaltene Prozeßkonzept bei der Parallelverarbeitung große Vorteile. Es muß jedoch betont werden, daß die Parallelität nach wie vor vom Entwickler selbst projektiert und programmiert werden muß. Das Programmieren in OCCAM stellt in diesem Zusammenhang insbesondere folgende Anforderungen an den Programmierer:
– Erkennen der Prozesse, die parallel ablaufen können
– Zuweisung der Kanäle zur Kommunikation
– Vermeidung der Gefahr von Deadlocks
– Die Prozesse sollten gleichlang sein.
– Nutzung von Datenflußdiagrammen, da diese hierarchisch strukturiert sind.
OCCAM, als reine Parallelsprache für den Transputer angesehen, schöpft allerdings auch nicht alle Möglichkeiten dieser Architektur aus. So fehlt zum Beispiel bis auf die Array-Verarbeitung vor allem die Behandlung von Datenstrukturen, so daß damit Merkmale einer modernen Programmiersprache, wie eine rekursive Programmierung, nicht gewährleistet werden können. Deshalb und auch aus Gründen der bisherigen Nutzungsbreite werden zunehmend traditionelle Programmiersprachen (z. B. C) von der Host-Umgebung für den Transputer unterstützt.

Einsatzmöglichkeiten in der Telekommunikationstechnik

Der leistungsstarke Transputer mit seiner intern realisierten 32-Bit-CPU, die als RISC-Architektur (RISC–Reduced Instruction Set Computer; Rechner mit reduziertem, aber dafür rechenzeiteffektivem Befehlsschlüssel) konzipiert ist, gestattet günstige Nutzungsmöglichkeiten in der Echtzeitverarbeitung. Der wesentliche Vorteil des Transputers besteht dabei in der effektiven Bearbeitung von Prozessen mit echt flächenhafter oder räumlicher Parallelisierung. Außerdem besitzt er eine interne Struktur, die es gestattet, außerordentlich kommunikationsfreundliche, flächendeckende Computerstrukturen aufzubauen. Aus diesem Grunde wird er gegenwärtig vorrangig in der Bildverarbeitung (Image Processing) und als Koprozessor zur Leistungssteigerung appliziert. Obwohl er nicht primär für die Telekommunikationstechnik entwickelt wurde, bieten sich aber mit seinem kommunikationsfreundlichen Link-Konzept durchaus reale Anwendungschancen in diesem Fachgebiet an.
In /1/ wurde als eine Anwendungsmöglichkeit die X.25-Implementierung mit Transputer vorgestellt. Im vorliegenden Beitrag sollen Eignungsbetrachtungen für den Prozeß der Paketkonzentration dargelegt werden. Ausgangspunkt für diese Zielstellung ist es, obwohl durchaus die Nutzungsmöglichkeit telekommunikationstechnischer Spezialschaltkreise bekannt ist, ausschließlich Komponenten der Transputer-Schaltkreisfamilie zu applizieren. Dabei sollen an erster Stelle die Zugänglichkeit zum telekommunikationstechnischen Prozeß sowie entsprechende Leistungsabschätzungen vorgenommen werden.
Der Prozeß der Paketkonzentration bietet sich als experimenteller Ansatz auch aus Gründen einer hohen Adäquatheit von Prozeß und Architekturkonzept an. Dabei ist die optimale Version für diesen Applikationsfall eine hierarchische Baumstruktur, bei der die Transputer in den untergeordneten Zweigen vor allen Dingen die Ebene 2 – Verarbeitung übernehmen. In diesen und den nachgeschalteten Transputern kann weiterhin die Ebene 3 – Protokollverarbeitung erfolgen. Eine Basisaufgabe ist dabei die Behandlung von HDLC-Datenströmen. Dabei ergibt sich eine effektive Möglichkeit, die allerdings bereits an die Leistungsfähigkeit des Link-Konzepts sowie die Verarbeitungsleistung des Transputers heranreicht, durch die Nutzung des Link-Adapters IMS C 011 in Mode 1 für die Behandlung von acht HDLC-Kanälen (in Hin- und Rückrichtung) (Bild 4).
Die Auswertung der einlaufenden Datenströme kann dabei:
– synchronisiert auf eine teilbare Taktfrequenz entsprechend den vorgegebenen Normungen
– unsynchronisiert unter Einhaltung des Abtasttheorems bei Gewährleistung eines festen Taktnormals
erfolgen.
Im Transputer, der dann eine Datenstruktur entsprechend der vorgenommenen Datenstrom-Behandlung zur Verarbeitung erhält, sind z. B. folgende Algorithmen zu implementieren:
– Reformierung und Formierung des Datenstromes
– CRC-Berechnung und -Prüfung
– Datennormierung bei unterschiedlichen Bitraten
– Auslösung und Realisierung von Wiederholungsanforderungen
– Rahmenidentifizierung; zielgerichtete Steuerung der Informationsströme bzw. -pakete
– Initialisierung des Gesamtsystems
– Fehlerbehandlung und Ersatzschaltungsrealisierung.
Damit ergibt sich ein beachtlichen Echtzeitanforderungen entsprechendes, prozeßtypisches Aufgabenspektrum, das Transputervarianten größer 10 MIPS (MIPS – Million Instructions per Second) bedarf, um eine Umsetzung zu gewährleisten.
Insgesamt kann eingeschätzt werden, daß der Transputer als Architekturlösung für Prozesse mit innewohnendem Parallelisierungspotential eine effiziente Computerstruktur darstellt.

Bild 4 Transputereinsatz in der Telekommunikationstechnik (C – Control [Steuerung], H – Handshaking-Signale, T – Transputer, DRAM – dynamischer Schreib-/Lesespeicher)

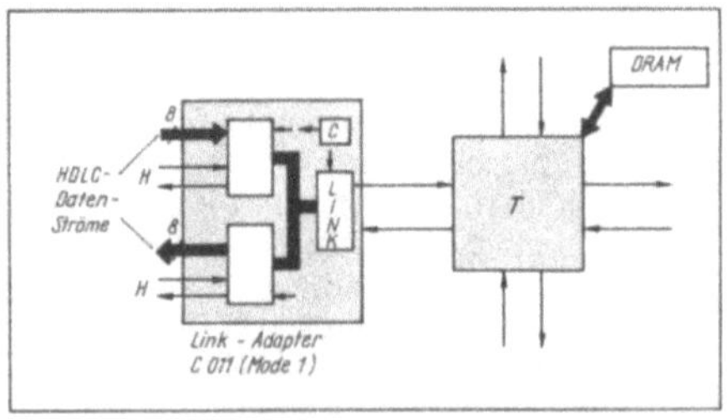

Literatur
/1/ Kropf, R.G.: Paralleles Rechnen mit Transputern. Bulletin SEV/VSE (1988) 7/9, S. 356
/2/ Baron, J.; Cavill, P.; May, D.: Transputers does 5 or more MIPS even when not used in parallel. Electronics. November 17., 1983, S. 107
/3/ Bermond, R.: Transputer. Informatik-Spektrum (1986) 6, S. 359
/4/ Ebert, H.: Occamierung auf Transputern. Teil 1: c't (1988) 1, S. 138; Teil 2: c't (1988) 4, S. 204
/5/ Ebert, H.: Bei Fehlern einfach einfrieren. c't (1987) 12, S. 146
/6/ Ebert, H.: Starke Familienbande – die Transputerbausteine. c't (1987) 10
/7/ Ebert, H.: RISC schneller durch „Abspecken". c't (1986) 6, S. 40
/8/ Eckelmann, P.: Der Transputer als Grafikcontroller. Elektronik (1986) 24, S. 119
/9/ Eckelmann, P.: Neue Transputer leistungsfähiger. Elektronik (1986) 17, S. 22
/10/ Eckelmann, P.: Transputer – richtig eingesetzt. Elektronik (1985) 4, S. 57

Einsatz von Transputern in Spracherkennung und Robotik

Dietmar Neumerkel,
Prof. Dr. Dietrich Naunin
Technische Universität Berlin (West), Institut für Elektronik

In den letzten Jahren wurde in Großbritannien eine neue Prozessorfamilie entwickelt, die Transputer, deren leistungsfähigstes Mitglied ein 32-Bit-Prozessor mit Gleitkommarechenwerk ist. Besonders geeignet sind die Transputer für Mehrprozessoranwendungen. Das prädestiniert sie besonders für rechenintensive Aufgaben.
In dieser Vorstellung der Transputer soll zunächst das den Prozessoren zugrunde liegende Konzept verdeutlicht werden. Dann wird eine Leistungsabschätzung der Transputer im Vergleich zu anderen Mikroprozessoren angestellt. Im dritten Teil werden zwei Applikationen mit Transputern vorgestellt, die am Institut für Elektronik der Technischen Universität Berlin (West) Gegenstand zweier Forschungsschwerpunkte sind.

Transputer, eine neue Mikroprozessorgeneration

Das auffälligste Merkmal des Transputers gegenüber bisherigen Mikroprozessoren sind die zusätzlich zum Speicherinterface vorhandenen vier seriellen Schnittstellen, die sogenannten *Links* (Bild 1). Über diese schnellen, bidirektionalen Kanäle (20 MBit/s) können Punkt-zu-Punkt-Verbindungen zwischen den Transputern hergestellt werden, so daß eine Prozessorkopplung ohne Hardwareaufwand möglich ist. Dieses buslose Konzept ermöglicht eine mit steigender Prozessorzahl lineare Leistungszunahme des Gesamtsystems.
Im Bild 1 ist der 32-Bit-Prozessor *T800* im Blockbild dargestellt, wobei besonders dessen auf dem Chip integriertes Gleitkommarechenwerk auffällt.
Der T800 arbeitet mit einem internen Takt von 20 MHz; ein Speicherzugriff auf das interne, 4 KByte große RAM dauert nur 50 ns. Durch die RISC-Philosophie werden die meisten Befehle in einem Byte kodiert und in einem Zyklus bearbeitet.

Vergleich der Rechenleistung gegenüber anderen Prozessoren

Um bezüglich der Rechenleistung des Transputers zuverlässige Aussagen treffen zu können, wurden vergleichende Untersuchungen durchgeführt. Gegenstand dieses Benchmark-Tests war eine reellwertige 1024-Punkte-FFT nach Cooley-Tukey in 32-Bit-Gleitkommarechnung.

Die an dem Test beteiligten Signalprozessoren *TMS32020* (20 MHz) und *TMS320c25* (40 MHz) wurden in Assembler programmiert und verwendeten ein eigenes Zahlenformat. Die Prozessoren *MC68000* (8 MHz), *MC68020* (mit und ohne Arithmetik-Koprozessor *MC68881*, je 17 MHz) und *i80286* mit Koprozessor *i80287* (je 10 MHz) wurden in der Hochsprache **C** programmiert und verwendeten ebenso wie die Transputer ein IEEE-Zahlenformat. Die Transputer *T414* (wie T800, nur ohne Gleitkommaeinheit und mit nur 2 KByte RAM) und *T800* wurden in der speziell für die Transputer entwickelten Programmiersprache *OCCAM2* programmiert, die auch die Formulierung von Programmen mit parallelen Prozessen erlaubt.
In der Tafel 1 und der Grafik in Bild 2 läßt sich sehr plastisch ablesen, wie leistungsfähig der Transputer auch in einer Einprozessorlösung ist. Es muß jedoch einschränkend hinzugefügt werden, daß sich bei anderen Anforderungen auch andere Testergebnisse ergeben werden. Zum Beispiel berechnet der *TMS32020* eine 1024-Punkte-FFT mit *16-Bit-Integer*-Operanden in 4 ms. Bei anderen Benchmark-Tests schließt die 2-Chip-Lö-

Tafel 1 Rechenzeit für die 32-Bit-FFT

TMS32020	TMS320c25	MC68000	MC68020	MC68020 MC68881	i80286 i80287	T414	T800
272 ms	141 ms	3749 ms	1178 ms	266 ms	803 ms	295 ms	55 ms

Bild 1 Blockbild des 32-Bit-Transputers T800

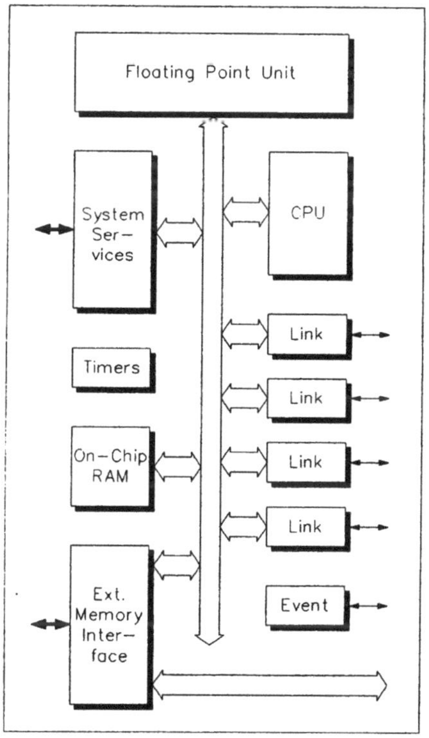

Bild 2 Rechenzeit für die 32-Bit-FFT

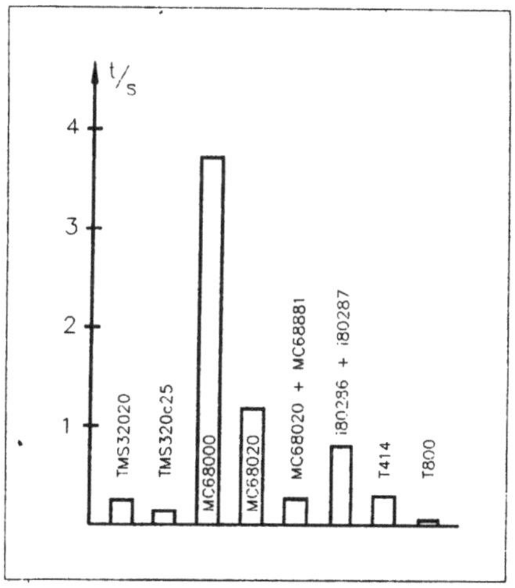

/11/ Eckelmann, P.: Transputer der 2. Generation. Elektronik (1987) 18–20
/12/ Electronics Newsletter: Transputer: Computer System Blazes at 3000 MIPS. Electronics (1986) 15, S. 79
/13/ Helzle, M.: Gar nicht Link! c't (1987) 11
/14/ Inmos: Transputer Reference Manual. Bristol. Okt. 1986
/15/ Klein, A.: Reduced Instruction Set Computer – Grundprinzipien einer neuen Prozessorarchitektur. Informatik-Spektrum (1986) 6, S. 334
/16/ Kropf, P. G.: A Comparision between the languages Chill and Occam. 4 th Chill Conference. Proc., München 1986
/17/ Transputer Module sind der neue Hit. Elektronik (1988) 4, S. 45
/18/ Nestyak, G.: Transputer. elektronik report (1988) 3, S. 45
/19/ Pountain, D.; Rudolph, R.: OCCAM – Das Handbuch. Verlag Heinz Heise GmbH, 1987
/20/ Sattelkau, M.: Transputer. Mikroprozessortechnik, Berlin 2 (1988) 5, S. 131

☒ KONTAKT ☎

Technische Universität Dresden, Sektion Informationstechnik, Mommsenstr. 13, Dresden, 8027; Tel. 4 63 22 41

Computer-Club-Hinweis

Aufgrund eines notwendigen Beitragsaustausches erscheint der im Inhaltsverzeichnis des Heftes 12/1988 ausgewiesene Beitrag von Bernd Matzke: „SCP-Disketten-Directory als REDABAS-Datei" in Heft 2/1989, Seite 54.
Autor des ersten Beitrages „Mathematische Funktionen" einer Folge von REDABAS-Tips in MP 12/1988 ist Thomas Steffens.

MP

sung *MC68020/MC68881* zum *T800* auf. Eine Leistungssteigerung durch den Mehrprozessoreinsatz ist jedoch nur mit den Transputern effizient möglich.

Blockschaltbild eines Spracherkennungssystems

Das Blockschaltbild eines Spracherkennungssystems mit Signalprozessor und Transputern wird in Bild 3 so vorgestellt, wie es am Institut für Elektronik der TU Berlin (West) konzipiert und realisiert wurde.
Da bei der Erzeugung der Merkmalsvektoren zur Spracherkennung *32-Bit-Integer*-Berechnungen ausreichen (Abtastwortbreite: 12 Bit), ist zur Signalaufnahme und -vorverarbeitung der Einsatz des Signalprozessors *TMS320c25* auf der Signalprozessorkarte *DSP25* einer Transputerlösung vorzuziehen. Von einem als Busmaster dienendem Transputer auf der *BBK-V2*-Karte (Firmenbezeichnung für **B**us**b**rücken**k**opf **V**ME **2**) werden die Merkmalsvektoren aus der *DSP 25* gelesen und der aus *T800* bestehenden Prozessorfarm auf den *VMETP5*-Boards über ein auf den *Links* basierendes Verbindungssystem zugeführt.
Die Vergleichsoperationen mit den hinterlegten Sprachmustern lassen sich ideal parallelisieren, so daß sich bei entsprechender Zahl von Transputern im System für jede Wortschatzgröße die angestrebte Reaktionszeit realisieren läßt.

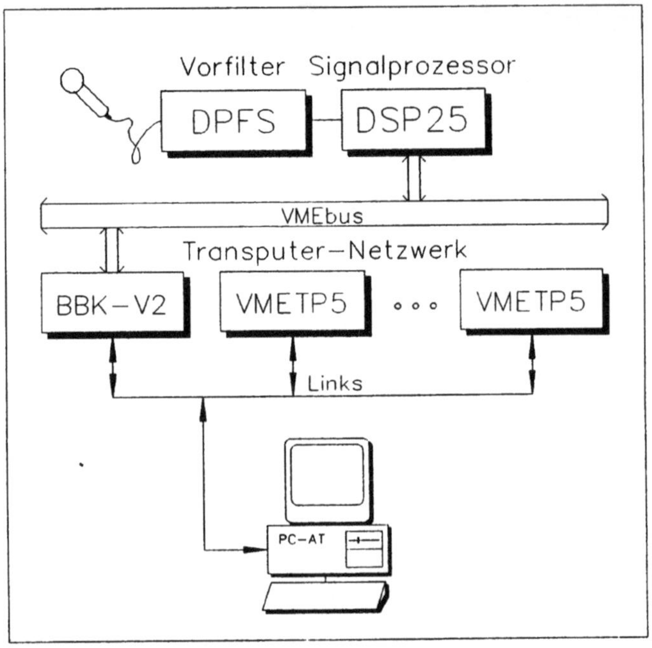

Bild 3 Blockbild eines Spracherkennungssystems

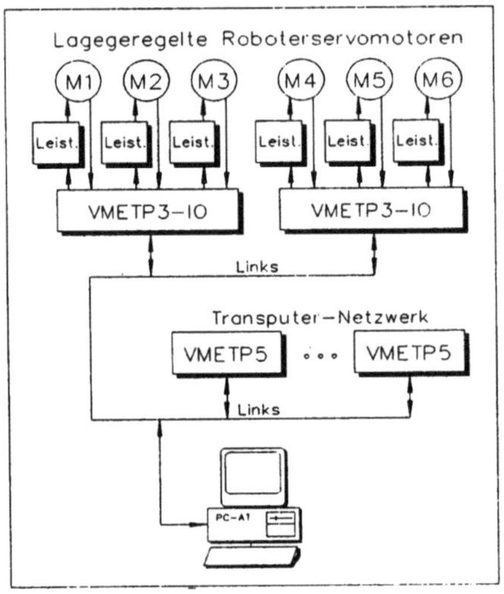

Bild 4 Blockbild eines Robotersteuerungssystems

Einsatz von Transputern in der Robotik

Der Vorteil der hohen Rechenleistung eines Multi-Transputersystems soll auch in der Servoantriebstechnik bei hochdynamischen Antrieben und der Robotik genutzt werden (Bild 4). Für dieses Projekt wird eine modulare Transputerkarte *VMETP3-IO* zur Regelung von drei Motoren beliebiger Art (Gleichstrom-, Synchron- und Asynchronmotor) entwickelt, um damit die 6 möglichen Freiheitsgrade, die ein Roboter haben kann und die jeweils durch einen Motor verwirklicht werden, ausnutzen zu können. Über ein spezielles Verbindungssystem, das sich durch Software konfigurieren läßt, können beliebig viele Transputerkarten *VMETP5* zugeschaltet werden, um auch komplexe Regelungsalgorithmen, wie eine adaptive Regelung, zu implementieren.

Zukünftige Einsatzmöglichkeiten

Durch die Entwicklung des Multi-User/Multi-Tasking/Multi-Processor-Betriebssystems *HELIOS* lassen sich neue Anwendungsfelder erschließen. So sind erstmals Mehrplatzrechner mit echter Parallelbearbeitung der einzelnen Benutzeraufgaben möglich.
Auch für andere, sehr aufwendige Rechenverfahren (Simulation, numerische Mathematik) stehen nun Systeme zur Verfügung, die ohne großen Hardwareaufwand die benötigte Verarbeitungsleistung bereitstellen können.

Wegbereiter der Informatik

BROOK TAYLOR

∗ 1685 Edmonton,
† 1731 London

Die überlieferten biographischen Angaben über den englischen Mathematiker Brook Taylor sind vergleichsweise spärlich. Immerhin ist bekannt, daß er ab 1701 in Cambridge vornehmlich Philosophie und Rechtswissenschaft und bei Isaak Newton Mathematik studiert hat. Beruflich war er ein vermögender Jurist und – ohne eine amtliche Stellung zu bekleiden – seit 1712 Mitglied der Royal Society; in den Jahren 1714–18 fungierte er auch als ihr wissenschaftlicher Sekretär. Er gehörte der Kommission an, die den Prioritätsstreit zwischen Leibniz und Newton untersuchte, und hier wirkte er in Briefen und Schriften verständlicherweise als eifriger Newtonianer.
In einem mathematischen Lexikon findet man mehrere Begriffe, die mit seinem Namen verbunden sind und noch heute zum fundamentalen Lehrstoff eines Mathematikstudiums gehören: Taylor-Interpolation, Taylor-Reihe, Taylorscher Satz, Taylorsche Quadraturformel. Sehr bedeutsam für die heutige Rechentechnik sind aus der Interpolationstheorie die Taylorschen Reihen geworden, also Potenzreihen der Form

$$f(x) = \sum_{k=0}^{\infty}(1/k!)f^{(k)}(x_0)(x - x_0)^k,$$

worin $f^{(k)}(x_0)$ die k-te Ableitung von f(x) an der Stelle x_0 bedeutet. Solche Reihen bilden bei jedem modernen Computer die Grundlage zur beliebig genauen Funktionswertberechnung bei allen möglichen transzendenten Funktionen, also z. B. bei der Logarithmusfunktion, der Exponentialfunktion, bei sin x bzw. cos x oder bei den hyperbolischen Funktionen. Die nach Taylor benannten Reihen kommen allerdings schon 1670 bei dem schottischen Mathematiker James Gregory (1638–75) sowie 1673 bei G. W. Leibniz vor. Taylor scheint davon nichts gewußt zu haben; in seinem Werk „Methodus incrementorum" (London 1715) leitet er die „Taylor-Reihe" aus Differenzenbetrachtungen her, und 1717 wendete er sie zur Gleichungsauflösung an.
Taylor hat auch eine Näherungsformel für das bestimmte Integral

$$\int_a^b f(x)dx$$

angegeben, zu dessen Berechnung die ersten n Ableitungen von f(x) benötigt werden. Des weiteren untersuchte er das Problem der schwingenden Saite (1715) und hat 1717 ein schwieriges Leibnizsches Trajektorienproblem behandelt.

Dr. Klaus Biener

Zeitschrift für Mikroelektronik · Computertechnik · Informatik
ISSN 0232–2892 · Mikroprozessortechnik · Berlin · 2 (1988) · S. 1–384

Jahresinhaltsverzeichnis 1988
VEB Verlag Technik Berlin

Mikroprozessortechnik

Übersichtsbeiträge

Schaltkreisentwurf und -herstellung

Mikroprozessorsysteme und Bauelemente

Mikrorechnersysteme einschließlich -peripherie

Software

Programmiersprachen

Automatisierungstechnik

MP-Kurs

Informationen und Tips & Tricks

Berichte

Literatur

Börse

Entwicklungen und Tendenzen

Technik international/ vorgestellt

Autorenverzeichnis

Signalanalyse und Echtzeitverarbeitung mit digitalen Signalprozessoren

Dr. Jürgen Förster, Dieter Scholz
Technische Universität Karl-Marx-Stadt, Sektion Automatisierungstechnik

Einführung

Verfahren der digitalen Signalverarbeitung, insbesondere die Spektralanalyse auf der Basis der diskreten Fouriertransformation, finden in zunehmendem Maße Eingang in die Nachrichtentechnik, Schwingungsmeßtechnik, Sprach- und Bildverarbeitung. Neue Anwendungsgebiete stellen Maschinendiagnose, Prozeßüberwachung und Qualitätskontrolle dar.

Nach einer Periode, die vorwiegend durch an Großrechner gebundene Lösungen mit akademischem Charakter gekennzeichnet war, stehen dem Ingenieur seit den 80er Jahren leistungsfähige Spektralanalysatoren zur Verfügung, z. B. /1/. Trotz beachtlicher Leistungsmerkmale ist ihre Verbreitung durch zu geringe Flexibilität und einen relativ hohen Preis eingeschränkt.

Durch die breite Verfügbarkeit leistungsstarker Arbeitsplatzcomputer (PC) bis hin zu tragbaren Geräten einerseits und der Entwicklung von Prozessoren für Systeme mit hoher Verarbeitungsleistung andererseits (Arithmetikprozessoren, Signalprozessoren, Transputer) entstand die Voraussetzung für PC-gestützte Signalverarbeitungssysteme. In diesen PC-Meßgeräten wird der PC für die Menüführung, die Datenverwaltung und die grafische Darstellung verwendet. Zur Signalaufzeichnung und teilweise auch Signalverarbeitung dienen:

- Slotkarten für PC XT/AT (z. B. Signalprozessorslot von STAC /2/ mit NEC 77230, FFT mit N = 1024 in 9,4 ms)
- externe Module mit Buskopplung
- selbständige Module mit standardisierter Schnittstelle (PC-Instruments von Hewlett-Packard /3/ und Siemens /4/).

Für die weitere Signalverarbeitung im PC existieren international leistungsfähige Softwaresysteme wie ASYST, SIGNALYS und MATLAB.

Gegenstand des Artikels ist die Realisierung der Echtzeitspektralanalyse auf dem System TITAN. Dieses Signalverarbeitungssystem auf der Basis des Signalprozessors TMS 32010 erreicht im Echtzeitbetrieb einschließlich der Darstellung des Autoleistungsspektrums mit 512 Spektrallinien eine Abtastfrequenz von mehr als 30 kHz.

Vorgestellt werden weiterhin verschiedene Signalanalysestrukturen sowie ein Echtzeitrahmenprogramm.

Das Systemkonzept TITAN

Eine Analyse des internationalen Standes zeigt deutlich die Notwendigkeit von Applikationen der digitalen Signalverarbeitung im industriellen Bereich und deren fundierte Vorbereitung durch eine moderne Ausbildung unserer Studenten. Aufbauend auf langjährige theoretische Vorarbeiten entstand das Systemkonzept TITAN. Es besitzt folgende Einsatzcharakteristik:

1. Komplettes Entwicklungssystem für den Signalprozessor TMS 32010 mit Assembler und Debugger
2. Signalgenerator für verschiedenste im Host-PC generierte Signalfunktionen für Signalfrequenzen < 600 kHz
3. Signalanalyse mit verschiedenen Standardverfahren
4. Signalverarbeitung mit digitalen Verfahren und anschließende Digital-Analog-Wandlung

Das Gesamtkonzept ist in Bild 1 dargestellt. Es besteht aus einem Signalverarbeitungsmodul und einem Host-Rechner (PC-XT/AT, geplant ESER 1834/AC 7150). Die Verbindung erfolgt über eine parallele Schnittstelle.

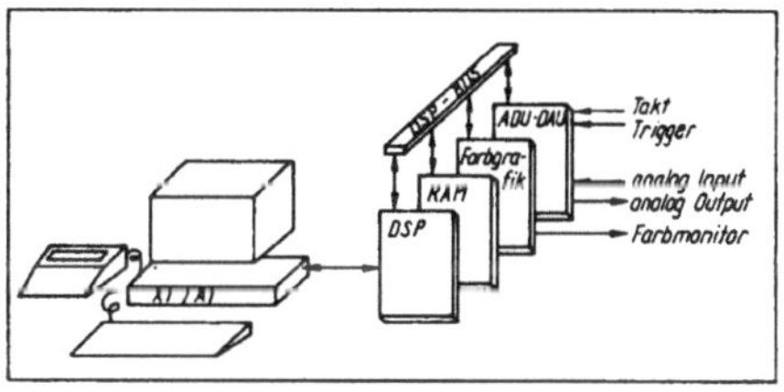

Bild 1 Gesamtkonzept TITAN

Die CPU-Karte basiert auf dem Signalprozessor TMS 32010 /5/ /6/. Dieser ist der erste Vertreter des abgestuften Familienkonzeptes digitaler Signalprozessoren der Firma Texas Instruments (Bild 2). Weitere herausragende Vertreter sind der TMS 320C25 /7/ mit einer Befehlszykluszeit von 100 ns und der TMS 320C30 /8/ mit 66 ns Zykluszeit und Gleitkommaarithmetik als Vertreter der 3. Generation. Wesentliche Leistungsmerkmale sind den angegebenen Literaturstellen bzw. Tafel 1 zu entnehmen.

Der unzureichend kleine interne Datenspeicher von 144 Worten wurde im System durch externe Speicherressourcen auf derzeitig 256 KWorte (maximal 1 MWort) erweitert. Für den Datenzugriff auf die Speicherressourcen dient eine äußerst effektive Pointerlogik, die neben der indirekten Adressierung auch parallele Adreßberechnung, zyklische Adreßzählung sowie das Bitreversing erlaubt.

Da gegenwärtig angebotene Grafikkarten keine schnelle grafische Darstellung zulassen, wurde eine Grafikkarte für 512 ∗ 256 Punkte entwickelt, die zusätzlich eine Sonogrammdarstellung mit 64 Farben (geplant 256) ermöglicht.

Als Prozeßperipherie (ADU, DAU) wird gegenwärtig eine einkanalige Versuchsversion mit maximal 100 kHz Abtastfrequenz (12 Bit) eingesetzt. Geplant ist ein abgestuftes Spektrum zwischen mehrkanaligen *Low-cost*-Versionen (10 Bit, 30 kHz Abtastfrequenz) bis zu *High-speed*-Versionen (12 Bit, 1 MHz) für verschiedene Anwendungsfälle. Weitere Zielgrößen sind:

- Eingangsverstärker mit fester Verstärkung
- interner Takt in 500-ns-Schritten einstellbar
- externer Takteingang
- externer Triggereingang.

Damit steht ein flexibles System zur Verfügung, welches neben der Signalanalyse vor allem zum Entwurf und zur Realisierung digitaler Filter sowie zur Systemanalyse einsetzbar ist.

Die Realisierung der Diskreten Fouriertransformation (DFT)

Die Berechnung der DFT:

$$X(k) = 1/N \sum_{n=0}^{N-1} x(n) \cdot \exp(-j2\pi kn/N)$$

für ein Signal x(n) stellt eine Grundaufgabe der digitalen Signalverarbeitung dar. Sie wird mit Algorithmen zur schnellen Fouriertransformation (FFT) ausgeführt /9/.

Tafel 3 vergleicht die erzielten Transformationszeiten zweier FFT-Programme auf dem System TITAN mit anderen bekannten Lö-

Tafel 1 Leistungsmerkmale des TMS 32010

Leistungsmerkmale
Wortbreite: 16 Bit
Befehlszykluszeit: 200 ns
Interner RAM: 144 Worte
externer Programmspeicher: 4 KWorte
16 × 16 Bit Multiplizierer
Barrel Shifter vor ALU
2 Auxilary Register für indirekte Adressierung
4 × 12 Bit Stack
Modifizierte Harvard-Architektur mit Programm- und Datenbus
16 I/O-Adressen
1 Interrupteingang

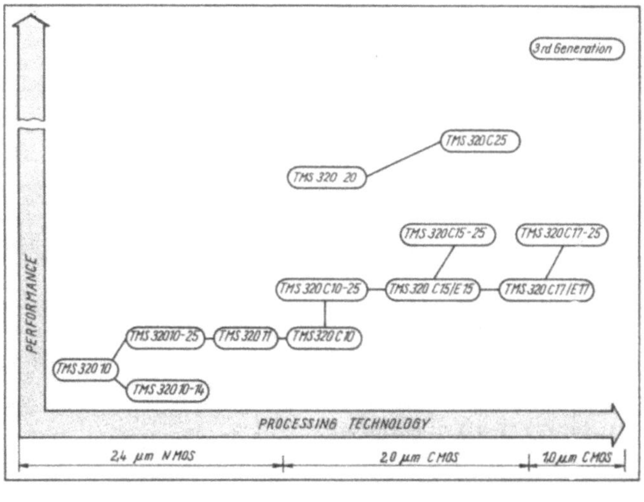

Bild 2 TMS320-Familienkonzept der Firma Texas Instruments (aus /8/)

Tafel 2 Abtastfrequenzen für Berechnung des Autoleistungsspektrums im Echtzeitbetrieb mit der Struktur IR

N	Fs/kHz
64	14,5
128	22,0
256	28,5
512	32,5
1024	34,5

sungen. Dabei können die Zeiten für andere TMS 32010-Systeme deutlich unterboten werden. Das Leistungsniveau des TMS 32020 ist erreichbar.
Diese Module stellen den Grundbaustein für ein Programm zur Berechnung des Autoleistungsspektrums (TSXX) dar.

Signalverarbeitungsstrukturen

Algorithmen zur Ermittlung von Signalkennfunktionen können in mehrere Signalverarbeitungsstrukturen eingebunden werden. Das soll anhand des Autoleistungsspektrums gezeigt werden, wobei von folgenden Aspekten ausgegangen wird:
– Unterscheidung zwischen *In-process-* und *Post-process*-Signalverarbeitung
– Unterscheidung zwischen *Real-time-* und *Intermediate*-Betrieb
– Einbeziehung von Mittelungsoperationen über mehrere Zeitsignale und Spektren als grundlegende Operation zur Reduktion irrelevanter Signalanteile.

Damit ergeben sich folgende Signalverarbeitungsstrukturen:

1. *In process real time* (IR; Bild 3a)
Das Aufzeichnen der Signale und die Verarbeitung von Signalausschnitten bzw. die Ergebnisauswertung erfolgen parallel, also in Echtzeit. Die Signalausschnitte können sich überlappen, müssen aber mindestens aneinanderliegend sein. Eine Mittellung über Signalausschnitte ist zwecklos, da beim Warten auf die Erfüllung von Triggerbedingungen ein Echtzeitfehler auftreten würde. Jedoch ist die Einführung einer Triggerbedingung für den Beginn der Analyse möglich. Eine Mittelung über mehrere Autoleistungsspektren sollte einbezogen werden. Diese Signalverarbeitungsstruktur ist zur Beobachtung instationärer Signale im Frequenzbereich geeignet.
2. *In process intermediate* (II; Bild 3b)
Das Aufzeichnen von Signalausschnitten und deren Verarbeitung erfolgen sequentiell. Die Einführung von Triggerbedingungen ermöglicht die Mittelung mehrerer Signalausschnitte. Auch die Mittelung über mehrere Autoleistungsspektren ist sinnvoll. Da gegenüber der IR-Struktur die Verarbeitungszeit der Signalausschnitte keine Rolle spielt, kann mit wesentlich höheren Abtastfrequenzen gearbeitet werden.
3. *Post process real time* (PR; Bild 3c)
Zunächst erfolgt die Aufzeichnung eines im Vergleich zu den Signalausschnitten für die Verarbeitung größeren Signalabschnittes, wobei Triggerung und damit die Mittelung über mehrere Signalabschnitte möglich sind. Bei der Verarbeitung einzelner Signalausschnitte können sich diese auch überlappen. Das entspricht dem *Real-time*-Betrieb. Für eine nachfolgende Verarbeitung ist die Speicherung aller Autoleistungsspektren sinnvoll (Wasserfalldiagramm, Sonogramm). Mit dieser Struktur ist die Beobachtung hochfrequenter instationärer Signalverläufe möglich.
4. *Post process intermediate* (PI)
Dieser Struktur liegt der Gedanke zugrunde, bei der PR-Struktur aus dem Signalabschnitt sich nicht überlappende Signalausschnitte zu verarbeiten, die über Triggerbedingungen ausgewählt und ebenfalls gemittelt werden können. Die Realisierung dieser Struktur erscheint nicht sinnvoll, da bei endlicher Länge des Signalabschnittes die Erfüllung einer vorgegebenen Anzahl von Triggerbedingungen

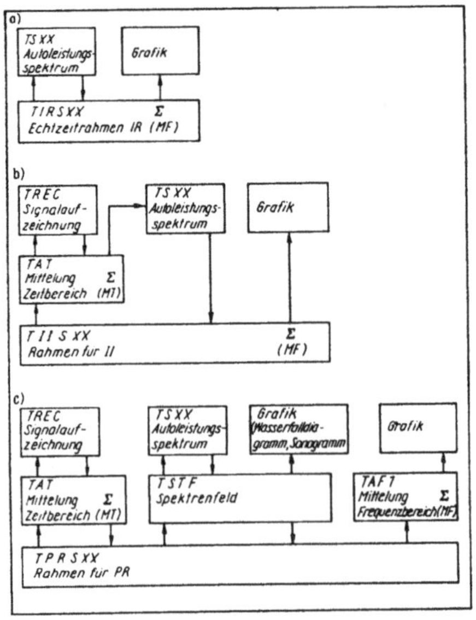

Bild 3 Signalverarbeitungsstrukturen
a) In process real time
b) In rocess intermediate
c) Post process real time

fragwürdig ist und damit Widersprüche innerhalb der Mittelungsaufgabe entstehen.
Im Konzept (Bild 3) sind nach den Routinen TREC und TSXX weitere Funktionsblöcke wie Signalfilterung, Filterung der Spektren und grafische Ausgabe der Signalausschnitte vorgesehen. Grundsätzlich sind diese Signalverarbeitungsstrukturen auch

Realisierung eines Echtzeitrahmenprogramms

Da die Realisierung der Struktur IR die größten Anforderungen an Hard- und Software stellt, wurde als erstes ein Echtzeitrahmenprogramm entwickelt, welchem als Task das Autoleistungsspektrum, aber auch andere Signalkennfunktionen, zugeordnet werden können.
Anstatt des weitverbreiteten Einsatzes eines Eingangswechselspeichers, der die Verarbeitung aneinanderliegender Signalausschnitte gestattet, wird mit einem zyklischen Eingangsdatenspeicher der Länge REC = 4 KWorte gearbeitet. Auf den Eingangsdatenspeicher (Bild 4) greifen folgende 3 Pointer modulo REC zyklisch zu:
PW Adresse zum Einschreiben des nächsten Abtastwertes durch Interruptprogramme nach Ablauf der Abtastperiode Ta. Der Pointer wird nach jedem Schreibvorgang um 1 erhöht.
PR1 Anfangsadresse des der Task zugewiesenen Signalausschnittes
PR2 erste Adresse nach Ende des Signalausschnittes, welcher der nächsten Task zugewiesen wird.

Während der Bearbeitung einer Task können durch die Stellung des Pointers PW folgende 3 Statuszustände eintreten:

Status 0: PW befindet sich vor PR2. Ist Task m beendet, muß auf Status 1 gewartet werden, um Task m + 1 abzuarbeiten.
Status 1: Die notwendigen Abtastwerte für Task m + 1 sind vorhanden.

Tafel 3 Rechenzeiten für FFT auf ausgewählten Signalprozessoren in ms

System	N 64/	128	256	512/	1024	2048	4096	Bemerkungen
TMS 32010 /10/	*2,87 1,92 1,72*				*69,4 45,3 42,3*			*Basis-2, 1 BF Basis-4, 1 BF Basis-4, 3 BF*
TMS 32010 /11/					*59*			*Basis-2, 1 BF, + Window-Operation*
TMS 32010 TITAN: FFT FFT1	*0,9 1,0*	*2,35 2,4*	*5,9 6,1*	*13,8 14,5*	*32,4 34,0*	*77,8*	*176*	
TMS 32020 /12/ TMS 32020 /13/		*4,37*	*6,9 8,48 4,52*		*31.82*			*Basis 2 Basis 2, direkt programmiert*

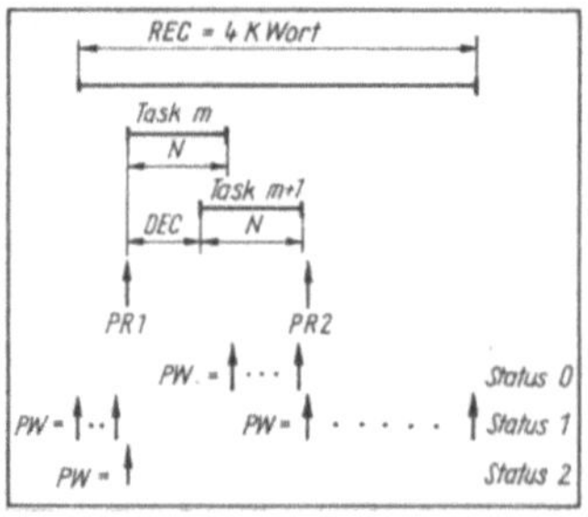

Bild 4 Zyklische Signalaufzeichnung und Aufruf einer Task

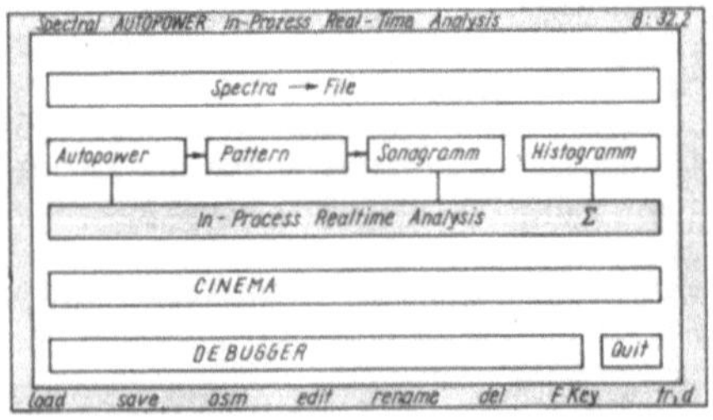

Bild 5 Steuermenü

für andere Kennfunktionen wie Korrelationsfunktion, Amplitudenhistogramm und Kreuzleistungsspektrum sowie auf Identifikationsalgorithmen bei Klassifikationsaufgaben anwendbar.

Status 2: Die Verarbeitung von N Abtastwerten dauert länger als die Aufzeichnung von DEC Abtastwerten. Ausgabe eines Echtzeitfehlers. Die Signalaufzeichnung wird bis zur Abarbeitung von Task m beendet.

Wird die nächste Task aufgerufen, sind 6 ver-

schiedene Kombinationen der Pointer möglich, die innerhalb des Echtzeitrahmenprogramms ausgewertet werden müssen.
Somit können beliebig sich überlappende Zeitsignalausschnitte verarbeitet werden, wenn die Bedingungen:

$$REC > N + DEC + 2 \quad \text{und} \quad N > 1$$

erfüllt sind. Das ermöglicht Overlapp-add-Entwicklungen für verschiedene Fensterfunktionen /14/. Weiterhin realisiert das Echtzeitrahmenprogramm den Aufruf von Vorprogrammen sowie die Mittelung mehrerer Signalkennfunktionen. Bei der Anwendung auf die Berechnung des Autoleistungsspektrums im Echtzeitbetrieb mit Fensterfunktion, Sonogrammdarstellung und ohne Mittelungen ergeben sich für DEC = N die in Tafel 2 dargestellten maximalen Abtastfrequenzen.

Menügestaltung

Die Gestaltung der Bedienoberfläche ist ausschlaggebend für die Akzeptanz oder Ablehnung eines Programms durch den vorgesehenen Nutzerkreis. Bild 5 zeigt das Steuermenü für das oben vorgestellte Echtzeitrahmenprogramm zur Autospektralanlyse. Durch Betätigung der Kursortasten wird ein aktueller Funktionsblock ausgewählt und markiert. Nach Betätigen der ESCAPE Taste können in einem weiteren Menü die zugeordneten Parameter geändert werden. Mit der Taste ENTER wird die Abarbeitung der Blockfunktion gestartet, die durch einen weiteren Tastendruck unterbrechbar ist.
Zur Verdeutlichung des Signalflusses ist im zentralen Teil des Steuermenüs die Signalverarbeitungsstruktur IR dargestellt. An die Autoleistungsspektralanalyse schließt sich wahlweise eine Kurven- oder Sonogrammausgabe der Teilspektren an. Zugleich wird das dezentrale Konzept der Parametereingabe deutlich. Als erstes erfolgt die optimale Einstellung der einzelnen Funktionsblöcke, z. B. Autopower oder Histogramm, die auch einzeln gestartet werden können. Dann wird zur nächsten Hierarchiestufe übergegangen.
Mittels des Debuggers können während der ersten Nutzungsphase noch Veränderungen auf der TMS-Ebene vorgenommen werden. Im Funktionsblock *Spectra --> File* ist die Übergabe der Spektren auf Files vorgesehen, die mit kommerziellen Signalverarbeitungssystemen, z. B. MATLAB, kompatibel sind.

✉ KONTAKT ☏

TU Karl-Marx-Stadt, Sektion Automatisierungstechnik, PSF 964, Karl-Marx-Stadt, 9010; Tel. 5 61 33 31

Literatur

/1/ Schmalband-FFT-Spektrumsanalysatoren 2032, 2033 und 2034. Bruel & Kjaer Katalog 1988, DK-2850 Naerum Dänemark, S. 50
/2/ Angebot der STAC Elektronische Systeme GmbH, c't Hannover (1988) 9, S. 215
/3/ Lightman, S.: PC-Meßgeräte. Elektronik (1985) 16, S. 52
/4/ Damit Meß- und Prüfgeschichten kürzer werden: die neuen PC-Meßgeräte. Messekatalog der Siemens AG auf der Leipziger Frühjahrsmesse 1988
/5/ Chance, J.:TMS 320 digital signal processor development system. microprocessors and microsystems, vol 9 no 2, march 1985
/6/ TMS 32010 USER'S GUIDE 1983
/7/ TMS 320C25 USER'S GUIDE 1986
/8/ Kun-Shan Lin; Frantz, G. A.; Simar, R.: The TMS 320 Family of Digital Signal Processors. Proceedings of the IEEE, Vol. 75, No. 9, September 1987, S. 1143
/9/ Förster, J.: Zur Realisierung der Diskreten Fourier Transformation. Mikroprozessortechnik, in Vorbereitung
/10/ Burrus, C. S.; Parks, T.: DFT/FFT and Convolution Algorithms. New York: Wiley 1984, S. 156
/11/ Kueng, R.: Flexibler FFT-Prozessor löst Echtzeitaufgaben. Elektronik (1986) 21, S. 101
/12/ Wiggins; Mcmahan; Tarrant; Gass: DSP boards help tackle a tough class of AI Tasks. Elektronics, August 21., (1986), S. 64
/13/ Papamichalis, P.; So, J.: Implementation of Fast Fourier Transform Algorithms with the TMS 32020. Digital Signal Processing Applications Volume 1, Prentice Hall and Texas Instruments 1987, S. 92
/14/ Hardtke, H.-J.; Le huy Thao: Fourieranalyse mit gleitendem Fenster (Kurzzeit-Fourier-Analyse). Messen Steuern Regeln, Berlin 29 (1986) 4, S. 186

Gate-Array und Standardzelle – dominierende Vertreter innerhalb der ASICs

Prof. Dr. Dietmar Müller
Technische Universität Karl-Marx-Stadt
Sektion Informationstechnik

Mit den in /1/ angegebenen Kurzcharakteristiken und den in /2/ beschriebenen Kriterien für ASICs ergibt sich Bild 1. Dabei ist die Zweiteilung in Anwenderprogrammierbare ASICs und Maskenprogrammierbare ASICs, die damit entwerfbar sind, zu erkennen.

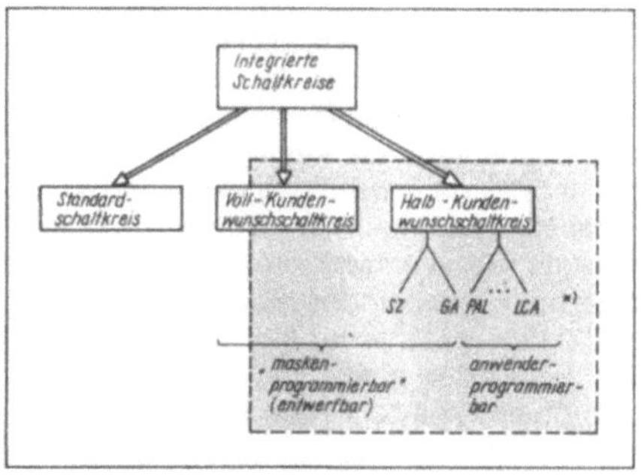

***Bild 1** Einordnung von ASICs in die Schaltkreisarten*
****) Erläuterung: siehe MP 11/88, Seite 324***

Anwenderprogrammierbare ASICs

sind durch die schnelle Individualisierung, auch oft als Personalisierung bezeichnet, bei geringer Komplexität gekennzeichnet. Innerhalb dieser Gruppe nehmen die *LCA (Logic Cell Array)* eine Sonderstellung ein, weil diese gegenwärtig bereits 2000 bis 3000 nutzbare Gatteräquivalente (GE- siehe dazu /1/) aufweisen und nach /3/ bereits LCA-Schaltkreise mit 9000 GE angeboten werden. Wegen dieser Quantität und dem mit der Gate-Array-Architektur (Logik-Zellenfeld mit umgebende E/A-Zellenring) vergleichbaren Chipaufbau werden LCA oft auch als programmierbare Gate Array bezeichnet.
Die Anwenderprogrammierung der LCA erfolgt, indem von einem EPROM in den eingebauten LCA-Schaltkreis die Steuerinformationen für die Vielzahl der Schalttransistoren in entsprechende RAMs des LCA eingelesen wird. Diese Schalttransistoren verbinden die Logikblöcke des LCA (CLB = Configurable Logic Blocks) so, daß die mit Hilfe eines speziellen CAD-Systems entworfene und simulierte Schaltungsstruktur eingestellt wird.
Diese perspektivreiche ASIC-Art wird in einem der nachfolgenden Artikel der ASIC-Serie näher vorgestellt.

Maskenprogammierbare ASICs

werden besonders durch die Gate-Array- und die Standardzellen-Schaltkreise geprägt. Während bisher noch Unklarheiten über den jeweils größeren Zuwachs bei *Gate-Array* oder Standardzelle existierten, ist auf der ISSCC '88 (International Solid State Circuits Conference) /4/ eindeutig die „Gate-Array-Philosophie" als die dominierende bei den ASICs favorisiert worden. Gleiches trifft bei den Technologien für die CMOS-Technologie gegenüber bipolaren sowohl für die Speicher- als auch für die ASIC-Schaltkreise zu.

Die *Standardzellen*-Schaltkreise besitzen zwar ausgeprägte Möglichkeiten zur Entwurfsoptimierung und damit zur Verringerung der Chipfläche, was über die Erhöhung der Ausbeute zur Verringerung der Kosten führt; dennoch wird von zahlreichen Autoren der Standardzellen-Entwurf mehr als Rationalisierungsmittel zum Entwurf echter Kundenwunsch-Schaltkreise durch professionelle Entwerfer und weniger als ASIC-Entwurf durch potente Anwender betrachtet.
Die Gemeinsamkeiten und die Unterschiede der maskenprogrammierbaren ASICs sind in Bild 2 für den Entwurf und die Präparation (angedeutet durch die Maskenanzahl) schematisch dargestellt und sollen nachfolgend für die Gate-Array- und Standardzellen-Schaltkreise ausführlicher dargelegt werden, wobei die Kurzcharakteristik dieser ASIC-Vertreter in /1/ angegeben ist.

***Bild 2** Charakteristika von (entwerfbaren) ASICs*

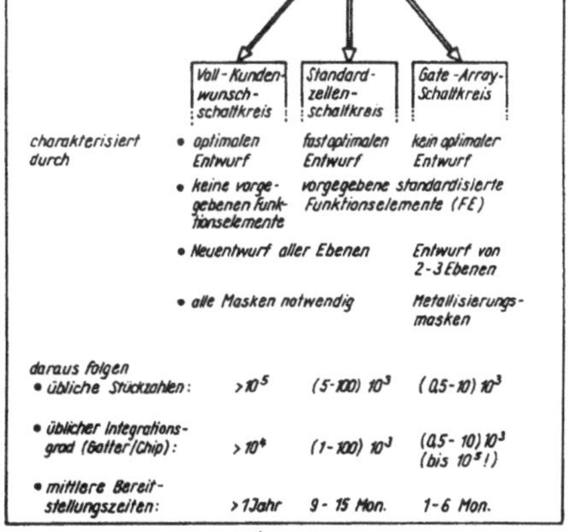

Gemeinsamkeiten von Gate-Array- und Standardzellen-Schaltkreisen

basieren auf der ausschließlichen Nutzung von standardisierten Funktionselementen (Makros, Bibliothekselementen) beim Entwurf. Diese standardisierten Funktionselemente, die bei Standardzellen-Schaltkreisen eben Standardzellen genannt werden und die damit den unscharfen Begriff „Standardzellen-Schaltkreise" geprägt haben, sind vollständig entworfen, das heißt dimensioniert und das elektrische Verhalten simuliert und mittels Teststrukturen auch verifiziert. Die Funktion und die Parameter der Funktionselemente sind für den Kunden damit festgelegt. Er kann diese wie die Standard-SSI-Schaltkreise und MSI-Schaltkreise der bekannten TTL- und CMOS-Reihen nutzen, deren konkrete Funktionen und Parameter ja auch fixiert sind. Dieser (scheinbare) Nachteil für den Schaltkreisentwerfer hat jedoch den großen Vorteil, daß er im Rahmen der funktionellen Möglichkeiten dieser Elemente sich auf den eigentlichen Schaltungsentwurf konzentrieren kann und nicht noch Transistorstrukturen entwerfen und deren Parameter fixieren muß. Die sehr aufwendige elektrische Dimensionierung wird bei einmaligem Aufwand vom Hersteller oder vom Anbieter des Entwurfs- und Technologiesystems durchgeführt.

Unterschiede von Gate-Array- und Standardzellen-Schaltkreisen

resultieren aus der Anwendung dieser standardisierten Funktionselemente beim Entwurf und der Herstellung.
Beim Gate-Array-Schaltkreis sind die Anzahl und die Lage der Funktionselemente ebenso wie die Chipfläche, die Anschlußzahl, die Anzahl, die Lage und die Aufnahmefähigkeit der Verdrahtungskanäle vom Hersteller fixiert. Der Entwerfer bzw. der Anwender kann nur im Rahmen dieser Vorgaben „seinen" Gate-Array-Schaltkreis entwerfen. Daraus resultiert aber der gravierende Vorteil, daß wegen dieser fixierten Vorgaben die notwendigen Transistorstrukturen vollständig auf den Siliziumscheiben (master slice) vorgefertigt werden können. Diese auf Vorrat produzierten Scheiben werden später durch die Verbindung der vorgefertigten Strukturen dem speziellen Anwendungsfall angepaßt, wozu nur noch 20–30 % des Gesamtaufwandes notwendig sind.
Beim Standardzellen-Schaltkreis kann der Entwerfer bzw. der Anwender die Anzahl und die Lage der Funktionselemente – entspricht den Standardzellen – im Rahmen der technologischen Möglichkeiten frei wählen. Gleiches gilt damit auch für die Chipfläche und die Pinanzahl, die im Rahmen verfügbarer Bondinselringe wählbar sind. Aus diesem Vorteil, einem freizügigen Entwurf, folgt der Nachteil – zumindest eine zeitliche Verlängerung der Bereitstellung –, daß alle Ebenen und damit alle Masken für jeden Einsatzfall neu entworfen werden müssen. Während der manuelle Entwurfsaufwand durch Nutzung leistungsfähiger CAD-Systeme vergleichbar wird mit dem minimalen Aufwand bei Gate-Array-Schaltkreisen, resultiert aus der erst während des Entwurfs fixierten Lage der Transistoren die Unmöglichkeit einer Vorfertigung, wie bei Gate-Array-Schaltkreisen üblich. Dies bedeutet, daß für Standardzellen-Schaltkreise erst nach dem Entwurf die technologische Präparation begonnen werden

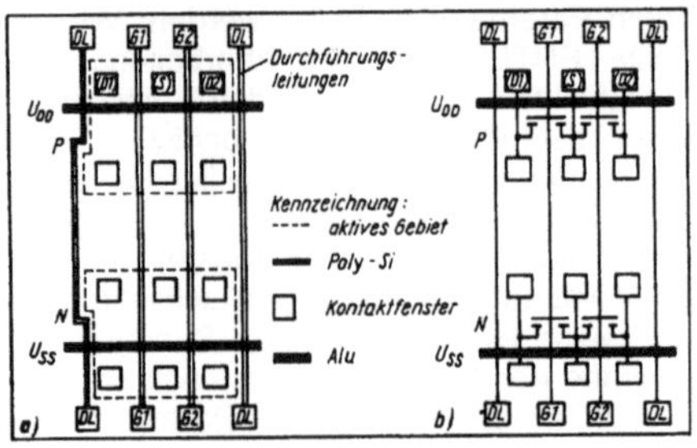

Bild 3 Layout und Transistorstruktur einer Halbzelle eines Gate-Array-Masters

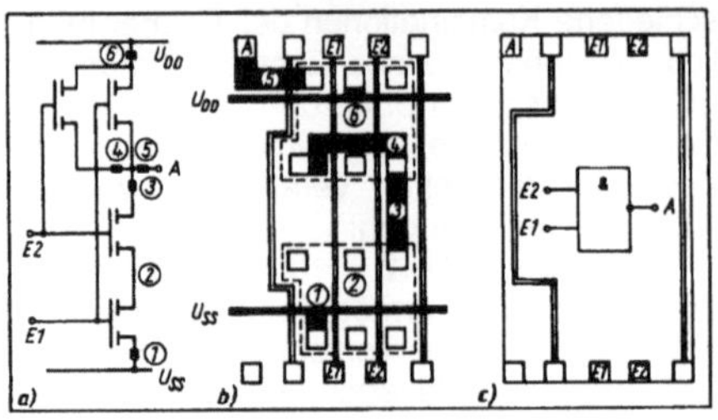

Bild 4 Verschiedene Darstellungsformen für das Funktionselement: 2fach-NAND

kann, so daß die Bereitstellungszeit bei Standardzellen-Schaltkreisen wesentlich länger als bei Gate-Array-Schaltkreisen ist. Diesem Nachteil stehen natürlich große Vorteile gegenüber. So sind z. B. eine optimale Größe der Chipfläche, so sind Funktionselemente mit angepaßt dimensionierten Transistoren (da keine universell dimensionierten Transistoren notwendig sind, kann Last- und/oder Zeitverhalten den verschiedenen Funktionselementen angepaßt werden), und so sind Bus-Strukturen möglich. Bemerkenswert ist, daß innerhalb der Standardzellen-Bibliothek auch analoge Funktionselemente, wie Digital-Analog- und Analog-Digital-Wandler möglich sind. Eine Gegebenheit, die beim Gate-Array-Entwurf erst als Tendenz vorhanden ist (BiCMOS).
Der große Vorteil der Gate-Array-Schaltkreise – die schnelle Verfügbarkeit von Musterschaltkreisen – gegenüber Standardzellen-Schaltkreisen wird durch eine weitere Art von Gate-Array, dem *Lasarray* (z. B. /5/) weiter ausgeprägt. Gleichzeitig gelingt es mit dieser Variante, die für Gate-Array-Schaltkreise optimale Stückzahl von 500 bis 10000 Stück (siehe Bild 2) weiter zu verringern. Beim Lasarray bewegen sich die nutzbaren Gatteräquivalente im unteren Bereich der Gate-Array-Schaltkreise (300 bis 3000), wobei die Chiparchitektur und die Entwurfsmethodik sich stark ähneln. Im Gegensatz zur Maskenprogrammierung des Gate-Array werden die Lasarrays durch einen Laserstrahl individualisiert (siehe oben). Durch die Laserstrahldirektbelichtung werden die Photoschichten so belichtet, daß durch nachfolgende Ätzprozesse die spezielle Schaltungsstruktur entsteht, die der Anwender mittels CAD-System entworfen hat. Diese Entwurfsdaten steuern den Laserstrahl im obigen Prozeß, wodurch CAD und CAM perfekt verbunden sind.
Es muß betont werden, daß diese Lasarrays keine Alternative zum Gate-Array sind, sondern eine sinnvolle Ergänzung für kleine Stückzahlen.
Zum prinzipiellen Verständinis des Gate-Array-Entwurfes auf der Basis standardisierter Funktionselemente sollen diese nachfolgend erläutert werden, obwohl deren Entwurf – wie oben beschrieben – *nicht* die Aufgabe des (Anwender-) Entwerfers ist und obwohl der Entwurf von Gate-Array-Schaltkreisen erst im nächsten Artikel der ASIC-Serie detailliert erläutert wird.

Funktionselemente für den Gate-Array-Entwurf

entstehen durch die Verbindung der auf dem Untergrund vorgefertigten Transistoren. Diese Transistorfelder sind gegenwärtig noch vorwiegend zeilenförmig angeordnet, wobei sich zwischen diesen Zeilen die Verdrahtungskanäle befinden (siehe Bild 5).
Da international und national die Bedeutung der CMOS-Technologie ständig wächst, beziehen sich die folgenden Erläuterungen des Layouts von Funktionselementen auf CMOS, zumal die DDR-Gate-Array-Systeme U 5200 /6/, U 5300 und auch das Nachfolgesystem auf der CMOS-Technologie in den entsprechenden Technologieniveaus beruhen.
Bild 3 zeigt das Layout und die zugehörige Transistorstruktur einer Halbzelle eines Gate-Array-Masters. [1)]
Dieser Master stellt die Grundlage eines „CMOS-Gate-Array-Lehrsystems" /7/ dar. Aus Gründen der Übersichtlichkeit und des besseren Verständnisses weisen die Transistoren eine geradlinige Struktur auf, und es besitzen die p- und n-Transistoren gleiches Längen-/Breitenverhältnis, obwohl dies für die Verzögerungszeiten bei realen Strukturen ungünstig ist.
Auf der Grundlage einer oder mehrerer derartiger Halbzellen werden die erforderlichen Funktionselemente entworfen. Dies soll am Beispiel eines Zweifach-NAND erläutert werden. Hierzu ist im Bild 4a die notwendige Transistorschaltung, die in CMOS die Funktion eines zweifachen NAND realisiert, gezeichnet. Im Bild 4b ist auf der Basis der Transistorstruktur einer Halbzelle (siehe Bild 3) das Zellenlayout des zweifachen NAND dargestellt. Die stark markierten Stellen bezeichnen die „Verdrahtung", die in diesem Fall als Alu-Leitbahnen ausgeführt ist. (Die den stark markierten Stellen zugeordneten Ziffern sind zugefügt worden, um das Verständnis zu erhöhen.)
Dieses Zellenlayout ist für den Anwender uninteressant, er kann es nicht beeinflussen, ja, er muß und wird es in der Regel nicht kennen. Ihm werden neben der logischen Funktion die dynamischen Parameter und die Anschlußparameter zur Kenntnis gebracht, so daß er mit dem symbolischen Layout der Funktionselemente (Bild 4c) entwerfen kann. Im allgemeinen entwirft er sogar nur mit dem logischen Symbol der Funktionselemente oder deren sprachlicher Beschreibung.
Der Entwickler eines Gate-Array-Systems entwirft eine Vielzahl von Funktionselementen. Diese müssen unter Beachtung der Entwurfsregeln sehr genau mit rechentechnischen Mitteln und durch Herstellen von Teststrukturen untersucht werden, damit die Parameter auch unter Worst-case-Bedingungen eindeutig bekannt sind. Die rechentechnische Simulation des elektrischen Verhal-

---

[1)] Bei farbigen Darstellungen von Layouts sind das aktive Gebiet *rot*, das Poly-Silizium *blau*, die Kontaktfenster *grün* und die Alu-Bahnen *schwarz* dargestellt.

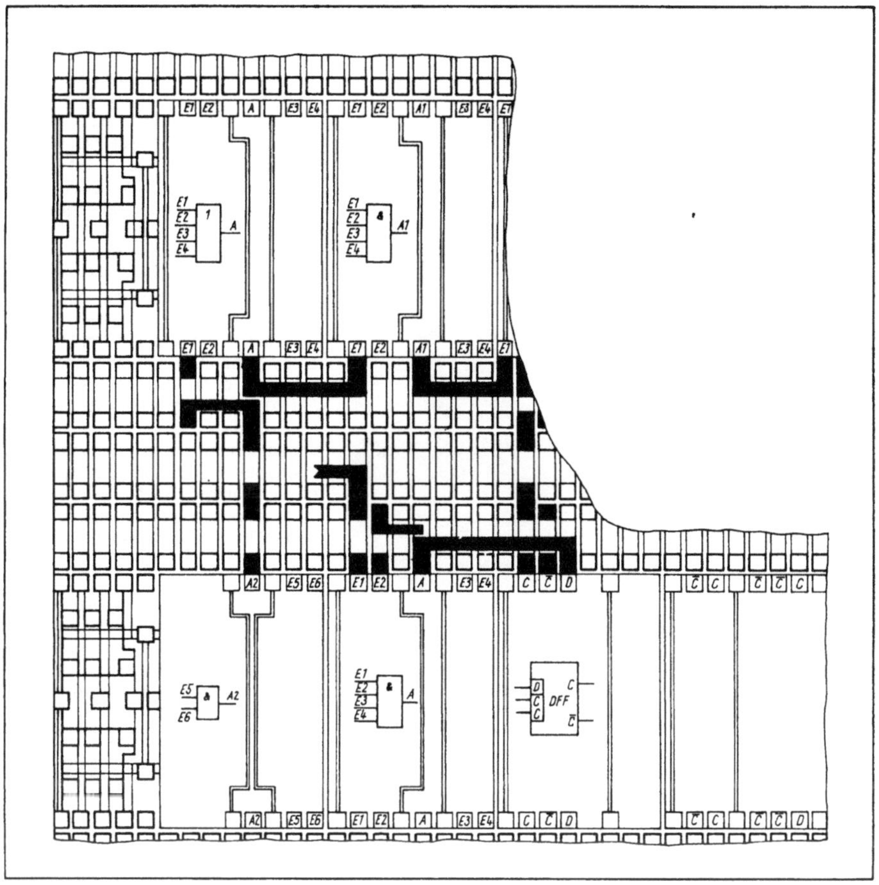

Bild 5 Ausschnitt eines Entwurfes mit einem „CMOS-Gate-Array-Lehrsystem" (teilweise trassiert)

wird. Daher wird im nächsten Artikel der ASIC-Serie der rechnerunterstützte Entwurf von Gate-Array-Schaltkreisen erläutert und die Nutzung der Systeme ARCHIMEDES des VEB Forschungszentrum Mikroelektronik Dresden (ZMD) und PC-GAD der Technischen Universität Karl-Marx-Stadt beschrieben.

Literatur

/1/ Müller, D.: ASIC von A bis Z (C). Mikroprozessortechnik, Berlin 2 (1988) 11, S. 324

/2/ Müller, D.: ASIC – eine Revolution? Mikroprozessortechnik, Berlin 2 (1988) 11, S. 323

/3/ Logic Cell Arrays von XILINX. Elektronik (1987) Sonderheft 237, S. 73

/4/ Winkler, P.: International Solid State Circuits Conference 1988. Reisebericht, Dresden 3/1988

/5/ Soldani, L.: ASICs per Laserstrahl (Alternative für kleine Mengen – das Lasarray). Elektronik (1987) Sonderheft 237, S. 71

/6/ Fischer, W.-I. u. a.: CMOS-Gate-Array-System U 5200. Nachrichtentechnik, Elektronik, Berlin 36 (1986) 1, S. 21

/7/ Müller, D. u. a.: Entwurfspraktikum mit einem Gate-Array-Lehrsystem an der TH Karl-Marx-Stadt. Vortrag 1. Tagung Schaltkreisentwurf, Dresden 1986

KONTAKT

Technische Universität Karl-Marx-Stadt, Sektion Informationstechnik, Reichenhainer Straße 70, Karl-Marx-Stadt, 9022; Tel. 5 61 31 95

tens mittels Netzwerkanalysemethoden ist daher sehr rechen- und zeitaufwendig. Sie muß jedoch nur beim Entwickler des Systems, quasi einmal, für alle nachfolgenden Anwendungen durchgeführt werden.
Diese Funktionselemente mit ihren Parametern stehen dem Anwender in einer Bibliothek von Funktionselementen zur Verfügung (im System U 5200 als Macrobibliothek /6/ bezeichnet). Die konkret nutzbaren Funktionselemente sind vom Entwurfssystem, vom Technologieniveau und von der Zahl der vom Anwender nutzbaren Ebenen (z. B. Alu – Poly-Si – Kontaktfenster oder Alu – 2mal Poly-Si – Kontaktfenster oder 2mal Alu – ...) abhängig.
Allen gemeinsam ist die Beschränkung auf vorerst digitale Grundelemente. Dies bedeutet eine Vielzahl von kombinatorischen Grund- und Komplexgattern und nur einen (oder wenig modifizierten) FF-Typ (siehe dazu nächste Artikel der ASIC-Serie). So sind z. B. möglich

- Inverter (einfach, mehrfach)
- zwei- bis vierfach NAND/AND
- zwei- bis vierfach NOR/OR
- zweifach Antivalenz/Äquivalenz
- Multiplexer, Demultiplexer
- Komplexgatter (Kombination von NAND-NOR-Strukturen)
- D-FF, J-K-FF und Modifikationen.

Die Bibliothek der Funktionselemente ist oben offen, das heißt, geforderte Funktionselemente können bei Sinnfälligkeit nach entsprechender Simulation vom Entwickler des Gate-Array-Systems aufgenommen werden.
Mit dem konkreten Wissen um die Parameter dieser Funktionselemente – vergleichbar mit dem Wissen um die Parameter der TTL- und CMOS-Standardschaltkreise – wählt der Anwender (zumindest bei einem manuellen Entwurf, z. B. während der Aus- oder Weiterbildung) die für die Realisierung seiner erforderlichen Funktion notwendigen Funktionselemente aus (vergleichbar mit der Auswahl obiger Standard-Schaltkreise). Anschließend erfolgt ein „geschicktes" Anordnen (Plazieren) der ausgewählten Funktionselemente, damit die Verbindung der Funktionselemente vollständig möglich wird (Trassierung). Die Plazierung und Trassierung ist vergleichbar mit der Anordnung von Standard-Schaltkreisen beim Entwurf einer kreuzungsfreien Zwei-Lagen-Leiterplatte.
Ein Ausschnitt des Lehrmasters mit plazierten symbolischen Layouts und einer stückweisen Trassierung zeigt Bild 5. Es ist mit Hilfe der Erläuterung im Bild 3 zu erkennen, daß die Verdrahtungskanäle Alu-Leitbahnen (stark schwarz) aufweisen, die über die Poly-Silizium-Bahnen (dünn markiert) angeordnet werden. Beide Leitbahnen können durch die Kontaktfenster (Quadrate – mittelstark gezeichnet) verbunden werden.
Aus dem Bild 5 und der skizzierten Beschreibung des (manuellen) Entwurfs eines Gate-Array-Schaltkreises kann die große Ähnlichkeit zum Leiterplattenentwurf erkannt werden. Der skizzierte manuelle Entwurf ist selbstverständlich nicht erstrebenswert und bei der gegenwärtig bereits verfügbaren Zahl von Gatteräquivalenten (größer 1 000) auch nicht realisierbar.
Wie in /2/ kurz erläutert, kann der Anwender „seinen" Gate-Array-Schaltkreis nur effektiv entwerfen, wenn neben der Technologie ein leistungsfähiges CAD-System bereitgestellt

TERMINE

Die Fachtagung „Aufsetzmontage in der Leiterplattentechnik unter Berücksichtigung der Nacktchipverarbeitung" mit internationaler Beteiligung aus den RGW-Ländern findet mit **neuem Termin**
vom 27. bis 28. September 1989
in Berlin statt.
Vortragsmeldungen sind bis zum 7. Februar 1989 zu richten an:

Kammer der Technik, Präsidium, Fachverband Elektrotechnik, Postfach 1315, Berlin, 1036.

Hoppe

Leeranweisung

Zeichnung: Steger

Technik international

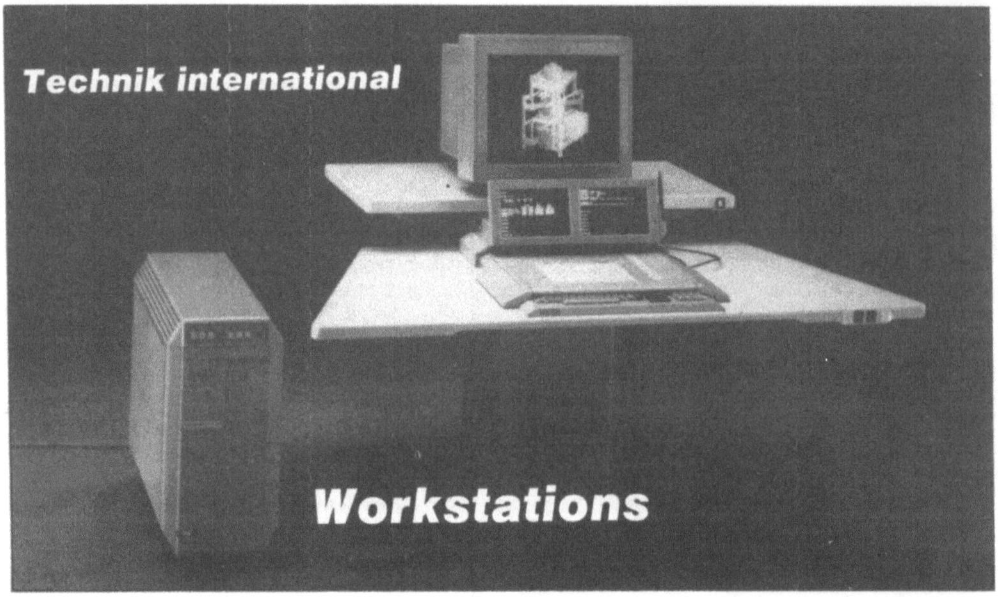

Workstations

Der Begriff der Workstation wurde Anfang der achtziger Jahre von der amerikanischen Firma Apollo Domain geprägt. Man verstand darunter einen Arbeitsplatzrechner für den professionellen Einsatz, der in seinen technischen Parametern den Heim- und Personalcomputern weit überlegen war. Ein charakteristisches Merkmal der Workstation ist vor allem ein grafischer Bildschirm mit Einzelpunktansteuerung, auf dessen Basis ein fortgeschrittener Mensch-Maschine-Dialog geführt werden kann. Weitere Geräte der Grafikperipherie wie Flachbett- oder Rollenplotter, Rollkugeln, Digitalisiertabletts und Mäuse vervollständigen oft eine Workstation.
Auf Grund des weltweiten Übergangs zur breiten Anwendung von rechnergestützten Methoden und Verfahren wie Computer Aided Design (CAD), Computer Aided Manufacturing (CAM), Büroautomatisierung mit anspruchsvoller Geschäftsgrafik, Desk-Top-Publishing u. v. a. m. entwickelte sich der Workstation-Markt besonders in den letzten Jahren rasant. Alle führenden Rechnerhersteller bieten zu ihren klassischen Klein- und Großrechnern entsprechende Workstations an. Manche Hersteller haben sich sogar nur auf Workstations spezialisiert. Die Tabelle zeigt, wie sich die Marktanteile (in %) bei den verkauften Stückzahlen weltweit auf die führenden Firmen aufteilen (Quelle Dataquest, IDC).

Hersteller	1986	1987
Sun Microsystems	26	28
Apollo Domain	24	21
Hewlett-Packard	22	16
Digital Equipment	8	21
Andere	20	14

Workstations werden in der Regel als „intelligente“ Datenendplätze von (Hochleistungs-) Klein- oder Großrechnern verwendet, wodurch der Workstationbenutzer bei Bedarf auf vom Zentralrechner verwaltete, gemeinsam genutzte Datenbanken, eine größere Verarbeitungsleistung und spezielle Peripherie wie Laserdrucker, Magnetbandarchive usw. zugreifen kann.

Entwicklungstrends

Ausgangspunkt der Workstationentwicklung war die Entlastung der teuren Zentralrechner von den zeit- und speicherplatzaufwendigen Grafikoperationen, die die Leistung der Zentralrechner erheblich minderten und im Multiuserbetrieb die Qualität des Mensch-Maschine-Dialogs durch unvertretbare Wartezeiten beträchtlich minderten. Durch Verlagerung der elementaren Grafikoperationen (Pan, Zoom, Clipping, Rotation usw.) auf einen preiswerten Mikrorechner in das Grafikterminal wurde der Zentralrechner erheblich entlastet. Mit der weiteren Entwicklung der Workstation-Technologie vergrößerten sich ständig die Forderungen nach immer mehr Computerleistung, nach größeren Bildschirmen und immer höherer Auflösung der Bildschirme am Arbeitsplatz des Ingenieurs, Kartographen oder Redakteurs. Mit Realisierung eines effektiven Transfers der Daten und Grafiken zwischen Zentralrechner und Workstation hat sich auch ständig die Forderung nach schnelleren Kommunikationsmedien erhöht, so daß die Entwicklung der Workstation-Technologie in enger Einheit mit der Entwicklung der LAN-Technologie zu sehen ist.
Betrachtet man heute das Angebot an Workstations auf dem Weltmarkt, muß man feststellen, daß die Produktpalette sehr breit ist und die Grenzen bei dem rasanten Entwicklungstempo stark fließend sind. In das Gebiet der Workstations fließen verstärkt die leistungsstarken Personalcomputer wie die Personalcomputer des IBM Personal System/2 (Modell 50, 60, 70 und 80) als auch Workstations auf der Basis von klassischen Kleinrechnern wie VAXstation 8000 und auf der Basis von Supermikrorechnern wie VAXstation 3200 und 3500 ein.

Definition

Wird die Frage nach einer Definition des Begriffes „Workstation“ gestellt, dann erweist sich bei dem gegenwärtigen enormen Entwicklungstempo die Beantwortung als recht kompliziert. In den USA wurde vor etwa 5 Jahren der Begriff einer 5M-Maschine geprägt, worunter man die Mindestanforderungen verstand:

- 1 MIPS (Million Befehle/Sekunde)
- 1 MByte Arbeitsspeicher
- 1 Million Bildpunkte (Pixel)
- 1 MBit/s Datenübertragungsrate
- Mehrfenstertechnik

Diese Anforderungen waren vor einigen Jahren für viele Systeme noch unüberwindbar. Heute werden sie aber schon von Personalcomputern und teilweise von Heimcomputern erreicht. Seit 2 Jahren werden verstärkt auf den Markt Superworkstations auf der Grundlage der RISC-Architektur (Reduced Instruction Set Computer) gebracht, die eine Verarbeitungsleistung bis zu 10 MIPS erreichen.
Die RISC-Technologie mit dem eingeschränkten Befehlssatz ermöglicht durch den Wegfall der Mikroprogrammierung im Mikroprozessor die Produktion von sehr schnellen, preiswerten Mikroprozessoren. RISC-Workstations zeichnen sich damit durch ein wesentlich besseres Preis-/Leistungsverhältnis aus, was zu einem weiteren starken Preisverfall führte. So werden heute Workstations bereits für 10000 DM von verschiedenen Herstellern angeboten.
Von Hewlett-Packard wurde 1986 die erste RISC-Architektur, die sogenannte Precision Architecture, einheitlich für Workstations und Minicomputer angekündigt. Entsprechende Workstations HP 9000/825 SRX und HP 9000/835 SRX wurden vor einem Jahr vorgestellt. Sun Microsystems entwickelte einen eigenen RISC-Mikroprozessor, der in der neuen Workstation Sun 4/200 eingesetzt wird, die die bisher sehr erfolgreiche Workstation-Familie Sun 3 ablösen wird. Von Motorola wurde weiterhin speziell für Workstations der 32-Bit-RISC-Prozessor MC 88000 auf den Markt gebracht.
Natürlich kann eine Rechnerleistung von 1 MIPS eines RISC-Prozessors keinesfalls mit 1 MIPS einer MicroVAX verglichen werden, aber betrachtet man das Aufgabenprofil einer Workstation, dann überwiegen eindeutig die kurzen und einfachen Operationen, so daß die RISC-Architektur klar überlegen ist.

Workstation-Typen

Bei den Workstations der oberen Leistungsklasse spricht man heute oft schon von der 10-M-Maschine, deren Rechnerleistung bis zu 10 MIPS, der Hauptspeicher 8 bis 16 MByte und die Bildschirme bis zu 4096 × 4096 Pixel haben. Als Quasi-Industrie-Standard für die Kommunikation hat sich Ethernet mit 10 MBit/s herausgestellt. In dieser Klasse haben sich eindeutig die 32-Bit-Mikroprozessoren wie MC 68020, MC 68030 und Intel 80386 durchgesetzt, die jetzt zunehmend durch RISC-Prozessoren verdrängt werden.
Das Bild zeigt als Beispiel eine interessante Neuentwicklung des norwegischen Unternehmens Norsk Data auf der Basis eines Drei-Prozessorsystems. Der Grafikrechner beruht auf dem Mikroprozessor MC 68020 und einem AMD-Chip für die Pixel-Grafik. Damit bei Konstruktionsaufgaben keine Bildschirmflächenanteile für Bedien- und Kommunikationsaufgaben (Multiwindowing) verloren gehen, werden dafür gesonderte Bildschirme eingesetzt.

Software

Mit den 32-Bit-Mikroprozessoren bzw. RISC-Prozessoren hat sich eindeutig als Basisbetriebssystem für Workstations durchgesetzt. Die meisten Hersteller wie Apollo orientierten dabei auf Systeme, die zum Berkeley-UNIX BSD 4.3 kompatibel sind. Als zweite Hauptrichtung sind verstärkt UNIX-Systeme entsprechend der System-V-Interface-Definition von AT&T bzw. den Empfehlungen der X/OPEN-Gruppe anzusehen.
Auf den leistungsschwächeren Workstations wird für technische Anwendungen vorrangig die 2D-GKS-Software und auf den leistungsstärkeren Workstations die 3D-GKS-Software angeboten. Für die Windowtechnik wird allgemein Software auf der Basis des X11-Window-Standards bereitgestellt.

Haupteinsatzgebiete

In der Vergangenheit war das Haupteinsatzgebiet von Workstations vor allem das rechnergestützte Konstruieren (CAD) auf fast allen ingenieurtechnischen Gebieten.
Wichtige Anwendungen sind vor allem der Schaltkreis- und Leiterkartenentwurf, wobei die Schaltkreis- und Logiksimulation meist auf einem leistungsfähigeren Zentralrechner ausgeführt wird. Frühzeitig hatte sich auch das Gebiet des Entwurfs von mechanischen Konstruktionen entwickelt, wobei auch hier die Festigkeitsberechnungen auf der Basis der Finite-Elemente-Methode (FEM) auf einen sehr leistungsfähigen Zentralrechner delegiert werden.
Zu den neueren Anwendungsgebieten gehören vor allem:

- rechnergestützte Softwareentwicklung (CASE – Computer aided software engineering)
- Expertensysteme (KI-Workstations) für fast alle Wissensgebiete
- Büroautomatisierung
- Desk-Top-Publishing

Zweifellos sind damit noch lange nicht alle Anwendungsgebiete erschlossen. Aber mit der weiteren Entwicklung der Workstation-Technologie werden durch diese leistungsfähigen Arbeitsplatz-Rechner zunehmend die Arbeitsinhalte nahezu aller Berufsgruppen tiefgreifenden sozialen Veränderungen unterzogen.

Prof. Dr. Thomas Horn

Computer-Club

Kurzes Maschinenprogramm mit großem Effekt

Dr. Lothar Boltze
Martin-Luther-Universität Halle-Wittenberg, Sektion Mathematik

Die algorithmische Aufbereitung der Problemstellung bei der Entwicklung eines Programms ist die halbe Lösung!

Dieser Beitrag wendet sich an Kleincomputerprogrammierer mit Interesse für Maschinencodeprogramme.

Es soll ein Programm entwickelt werden, mit dessen Hilfe alle Kommentare und unnötigen Leerzeichen in einem BASIC-Programm der KC 85-Familie beseitigt werden können. Dazu ist es notwendig zu wissen, wie ein BASIC-Programm im Speicher des Rechners aufgebaut ist. Die Struktur ist in Tafel 1 angegeben. Sie wird auch als physische Programmstruktur bezeichnet. Sowohl logisch als auch physisch stellen die BASIC-Programme der KC 85-Familie lineare Listen dar. Verbal läßt sich eine Datenstruktur, die als lineare Liste bezeichnet wird, wie folgt beschreiben:

Ein Datenelement (= BASIC-Zeile) ist das letzte oder besitzt einen wohldefinierten Nachfolger.

In Verbindung mit BASIC-Programmen ist das nachfolgende Datenelement diejenige Zeile mit der kleinsten Zeilennummer, die größer als die Zeilennummer der betrachteten Zeile ist.

Die symbolischen Adressen BKPFZ, DSTi (i = 1, 2, 3) in Tafel 1 sind BASIC-Notizspeicheradressen und stehen entsprechend für BASIC-(Programm-)Kopfzeiger und Datenstapelzeiger.

Der Grundgedanke für die Umsetzung des Problems in einen Algorithmus besteht darin, das BASIC-Programm, beginnend am Programmanfang auf *den* Speicherbereich, unter Übergehen von Kommentaren und unnötigen Leerzeichen, zu kopieren, den es nach dem Laden im OK des BASIC einnimmt. Besonders günstig läßt sich der Grundgedanke in der Assemblersprache für den U 880 unter Verwendung des LDI-Befehls realisieren. Dem wurde schon bei der Erarbeitung des Algorithmus Rechnung getragen. Den Algorithmus geben wir in Form eines Programmablaufplanes an (siehe Bild 1). Das Assemblerprogramm (Bild 2) wurde anhand des Programmablaufplanes für die Kleincomputer KC 85/1 und KC 87 erarbeitet. Das entsprechende Maschinencodeprogramm wird im OS geladen und mit dem Namen 'NCOMMENT' im OS aufgerufen (siehe auch /1/). Der dem Algorithmus entsprechende Maschinencode ist verschiebbar und kann sofort auf KC 85/2 und KC 85/3 implementiert werden. Es sei darauf hingewiesen, daß im Algorithmus nicht berücksichtigt wurde, daß manche Programmierer Zeichenkettenkonstanten nicht ordnungsgemäß abschließen, wenn sie am Ende einer BASIC-Zeile stehen.

Das betrachtete Problem eignet sich auch für eine Behandlung in einem Informatik-Schülerzirkel. Dabei ist es gut geeignet, der allgemein beobachtbaren Tendenz, Programment-

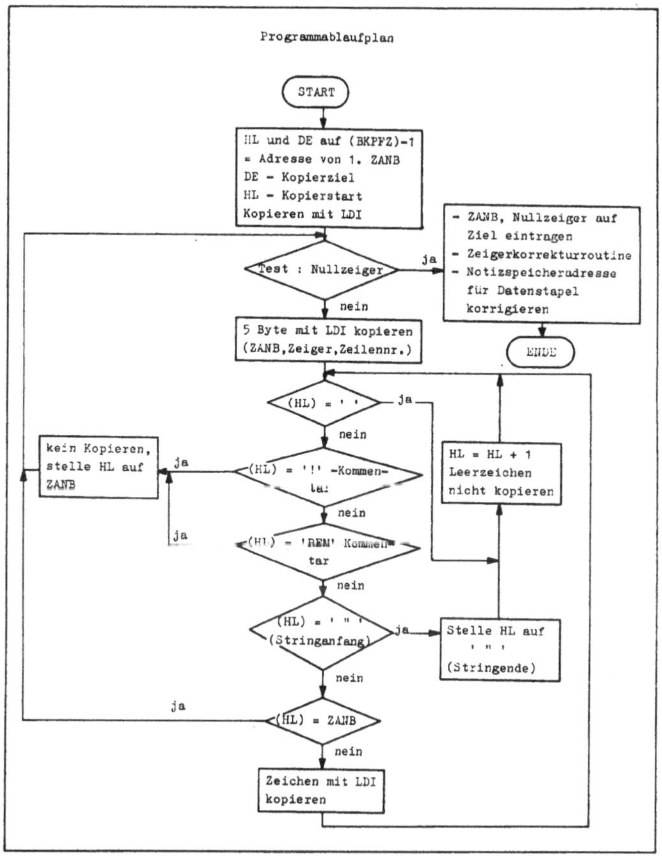

Bild 1 Programmablaufplan

Tafel 1 BASIC-Programmstruktur

RAM-Adresse	Inhalt	Bemerkungen
a − 1	0	Zeilen-Abschluß-Null-Byte (=ZANB)
a:=(BKPFZ,BKPFZ+1)	☐	Zeiger; gibt an, auf welcher RAM-Adresse die nächste BASIC-Zeile beginnt, (a,a+1) = (a+1)*256+(a) =: a1
a + 1	☐	
a + 2	☐	BASIC-Zeilennummer = (a+3)*256 + (a+2)
a + 3	☐	
	. . .	Quelltext der BASIC-Zeile
a1 − 1	0	ZANB
a1 := (a,a+1)	☐	Zeiger
	☐	
	☐	Zeilennummer
	☐	
	. . .	
	0	ZANB (letztes)
	0	Nullzeiger = BASIC - Programmende
	0	
(DST1,DST1+1) --->	☐	Datenstapel, wird bei Programmabarbeitung erzeugt
(DST2,DST2+1) --->	.	
(DST3,DST3+1) --->	.	

(a) bezeichnet den Inhalt der Speicherzelle a.

```
LOC  CODE            SOURCE

                            PN   NCOMMENT
                     ;
                     ;Programm zum Beseitigen aller Kommentare und
                     ;unnoetigen Leerzeichen in BASIC-Programmen der
                     ;KC 85 - Familie.
                     ;
                     ;Implementierung fuer KC 85/1 und KC 87.
                     ;
                            ORG  7E00H
                     ;
                     ;Definitionen
                     ;--------------
                     COM:   EQU  9CH                  ;='!'-Kommentar-Token
                     REM:   EQU  8EH                  ;=REM-   - '' -
                     BKPFZ: EQU  863                  ;BASIC-Kopf-Zeiger
                     DST1:  EQU  983                  ;Datenstapelanf.
                     DST2:  EQU  985                  ; -''- indizierte Var.
                     DST3:  EQU  987                  ;USR(.)-Notizanf.
                     ;
7E00 C30C7E                 JMP  NCOM                 ;Sprungtabelle fuer
7E03                        DB   'NCOMMENT'           ;Aufruf im OS
7E0B 00                     DB   0
                     ;
7E0C C5              NCOM:  PUSH BC
7E0D D5                     PUSH DE
7E0E E5                     PUSH HL
7E0F F5                     PUSH AF
                     ;
7E10 2A5F03                 LD   HL,(BKPFZ)           ;HL und DE auf ZANB
7E13 2B                     DEC  HL                   ;vor Anf. der 1. Zeile
7E14 E5                     PUSH HL                   ;HL = Kopierstart
7E15 D1                     POP  DE                   ;DE = Kopierziel
7E16 23              WE:    INC  HL                   ;HL auf 1. Zeigerbyte
7E17 7E                     LD   A,(HL)               ;TEST:Nullzeiger?
7E18 23                     INC  HL
7E19 B6                     OR   (HL)
7E1A 2837                   JRZ  ZDSTK-#              ;-> Restbehandlung
                     ;
7E1C 2B                     DEC  HL                   ;HL auf zu ko-
7E1D 2B                     DEC  HL                   ;pierendes ZANB
7E1E EDA0                   LDI                       ;ZANB kopieren
7E20 EDA0                   LDI                       ;Zeiger
7E22 EDA0                   LDI                       ;       kopieren
7E24 EDA0                   LDI                       ;ZNR
7E26 EDA0                   LDI                       ;       kopieren
                     ;Normales kopieren mit TEST auf ' ','!','REM','"'
                     ;bei Einstieg wird HL auf 1.Quelltextzeichen
                     ;der aktuellen BASIC-Zeile setzen.
                            DEC  HL
```

```
7E29 23       00050 NZ:    INC  HL              ;auf naechstes Zeichen
7E2A 7E       00051 ZEHO:  LD.  A,(HL)          ;Zeichen holen
7E2B FE20     00052        CMP  ' '             ;Leerzeichen?
7E2D 28FA     00053        JRZ  NZ-#            ;uebergehen
7E2F FE9C     00054        CMP  COM             ;'!'-Kommentar?
7E31 2007     00055        JRNZ K3-#
              00056 ;
7E33 AF       00057 SZANB: XOR  A               ;Kommentar, suche ZANB
7E34 23       00058 SZA1:  INC  HL
7E35 BE       00059        CMP  (HL)
7E36 20FC     00060        JRNZ SZA1-#
7E38 18DC     00061        JR   WE-#            ;HL zeigt auf ZANB
              00062 ;
7E3A FE8E     00063 K3:    CMP  REM             ;REM-Kommentar?
7E3C 28F5     00064        JRZ  SZANB-#
7E3E FE22     00065        CMP  '"'             ;String-Anfang?
7E40 2808     00066        JRZ  SSTRE-#         ;-> suche String-Ende
7E42 FE00     00067        CMP  0               ;ZANB?
7E44 28D0     00068        JRZ  WE-#            ;weiter, naechste Zeile
              00069 ;
7E46 EDA0     00070        LDI                  ;Zeichen kopieren
7E48 18E0     00071        JR   ZEHO-#
              00072 ;
7E4A EDA0     00073 SSTRE: LDI                  ;String kopieren
7E4C BE       00074        CMP  (HL)            ;suche String-Ende
7E4D 20FB     00075        JRNZ SSTRE-#         ;noch nicht Sting-Ende
7E4F EDA0     00076        LDI                  ;Sting-Ende kopieren
7E51 18D7     00077        JR   ZEHO-#
              00078 ;
7E53 12       00079 ZDSTK: LD   (DE),A          ;letztes ZANB eintragen
7E54 13       00080        INC  DE
7E55 12       00081        LD   (DE),A          ;Nullzeiger
7E56 13       00082        INC  DE              ;eintragen
7E57 12       00083        LD   (DE),A
7E58 EB       00084        EX   DE,HL           ;Datenstapeladressen
7E59 23       00085        INC  HL              ;im BASIC-
7E5A 22D703   00086        LD   (DST1),HL       ;Notizspeicher
7E5D 22D903   00087        LD   (DST2),HL       ;aktualisieren
7E60 22DB03   00088        LD   (DST3),HL
              00089 ;
7E63 ED5B5F03 00090        LD   DE,(BKPFZ)      ;Zeigerkorrektur
7E67 62       00091 K2:    LD   H,D
7E68 6B       00092        LD   L,E
7E69 7E       00093        LD   A,(HL)          ;Test: Nullzeiger?
7E6A 23       00094        INC  HL
7E6B B6       00095        OR   (HL)
7E6C 280E     00096        JRZ  AUSST-#         ;Ausstieg
7E6E 23       00097        INC  HL
7E6F 23       00098        INC  HL
7E70 23       00099        INC  HL
7E71 AF       00100        XOR  A
7E72 BE       00101 K1:    CMP  (HL)            ;Suche ZANB
7E73 23       00102        INC  HL
7E74 20FC     00103        JRNZ K1-#
7E76 EB       00104        EX   DE,HL
7E77 73       00105        LD   (HL),E          ;Zeiger
7E78 23       00106        INC  HL
7E79 72       00107        LD   (HL),D          ;eintragen
7E7A 18EB     00108        JR   K2-#
              00109 ;
7E7C F1       00110 AUSST: POP  AF
7E7D E1       00111        POP  HL
7E7E D1       00112        POP  DE
7E7F C1       00113        POP  BC
7E80 C9       00114        RET
              00115
7E81          00116        END
```

Bild 2 Assemblerprogramm NCOMMENT

wicklung nur im Dialog mit dem Computer vorzunehmen, entgegen zu wirken.

Literatur

/1/ Betriebssystem Z 9001, KC 85/1, KC 87. VEB Robotron-Meßelektronik „Otto Schön", Dresden 1986

✉ KONTAKT ☏

Martin-Luther-Universität Halle-Wittenberg, Sektion Mathematik, Universitätsplatz 6, Halle, 4020; Tel. 62 25 24

Rechnen mit komplexen Zahlen in BASIC

Es gibt nur wenige Programmiersprachen (z. B. Fortran IV), die als Variablentyp eine komplexe Zahl $K = k_1 + i \cdot k_2$ zulassen. Trotzdem ist natürlich die Rechnung mit komplexen Zahlen auch in anderen Programmiersprachen programmierbar. In diesem Beitrag werden Hinweise gegeben, wie das in BASIC möglich ist, wobei die Kenntnis der Rechenregeln mit komplexen Zahlen vorausgesetzt wird.

Um Speicherplatzbedarf und Rechenzeit zu minimieren und eine hohe Übersichtlichkeit des Programms zu gewährleisten, werden die komplexen Zahlen nur in ihrer kartesischen (nicht exponentiellen) Form verwendet. Dem Real- und Imaginärteil werden verschiedene Variable zugeordnet, wobei ihre inhaltliche Zusammengehörigkeit durch geeignete Maßnahmen zu gewährleisten ist. Empfehlenswert ist die Verwendung von Arrays und die lückenlose Belegung aufeinanderfolgender Feldvariablen mit dem Real- und zugehörigen Imaginärteil. Bei einem Basic-Interpreter, bei dem der niedrigste Index der Feldvariablen 0 ist, sind dann alle Realteile in einer geradzahlig indizierten Feldvariablen und die zugehörigen Imaginärteile in der um 1 höher indizierten, ungeraden Feldvariablen gespeichert. Es ist zu beachten, daß wenige große Arrays weniger Speicherplatz benötigen als zahlreiche kleine mit gleichviel Feldplätzen. Werden einfache Variablen verwendet, so empfiehlt sich eine Indizierung, z. B. ar für Real- und ai für Imaginärteil der komplexen Zahl **a**. Schließlich wird vereinbart, daß im Imaginärteil die imaginäre Einheit i (bei der komplexen Wechselstromrechnung üblicherweise j) stets als Faktor bzw. im Zähler steht. Nur so wird gewährleistet, daß das Vorzeichen des Imaginärteiles eindeutig interpretiert werden kann.

Damit sind alle Voraussetzungen zur Programmierung komplexer Rechnungen geschaffen. Um mit wenig Speicherplatz und Rechenzeit auszukommen, sollten die im Programm benötigten Rechenarten mit komplexen Zahlen mit der DEF FN-Anweisung am Programmanfang, zusammen mit den Feldern (DIM-Anweisung), definiert werden. Gemäß den Rechenregeln für komplexe Zahlen und für Computer, deren BASIC-Interpreter mehrere Variablen in selbstdefinierten Funktionen zulassen, lauten diese Funktionen (A, C – Realteile und B, D – Imaginärteile der zu verknüpfenden komplexen Zahlen):

10 DEF FN S(A,B,C,D) = A + C:
REM Realteil der Summe
20 DEF FN T(A,B,C,D) = B + D:
REM Imaginärteil der Summe
30 DEF FN D(A,B,C,D) = A – C:
REM Realteil der Differenz
40 DEF FN E(A,B,C,D) = B – D:
REM Imaginärteil der Differenz

Die in den Zeilen 10 bis 40 definierten Funktionen bringen außer einer Erhöhung der Übersichtlichkeit Nachteile an Speicherplatzbedarf und Rechenzeit gegenüber der direkten Programmierung der Addition bzw. Subtraktion an der Programmstelle, wo der Funktionsaufruf erfolgen würde. Anders bei den folgenden Zeilen:

50 DEF FN O(A,B,C,D) = A * C – B * D:
REM Realteil des Produktes
60 DEF FN P(A,B,C,D) = B * C + A * D:
REM Imaginärteil des Produktes
70 DEF FN Q(A,B,C,D) = (A * C + B * D)/(C * C + D * D): REM Realteil des Quotienten
80 DEF FN R(A,B,C,D) = (B * C – A * D)/(C * C + D * D):
REM Imaginärteil des Quotienten
90 DEF FN K(A,B) = A/(A * A + B * B):
REM Realteil des Kehrwertes
100 DEF FN L(A,B) = –B/(A * A + B * B):
REM Imaginärteil des Kehrwertes
110 DEF FN B(A,B) = SQR(A * A + B * B):
REM Betrag der komplexen Zahl
120 DEF FN C(A,B) = ATN(B/A):
REM Winkel zwischen Real- und Imaginärteil

A ∗ A benötigt wesentlich weniger Rechenzeit als A↑2. Der Kehrwert (Zeilen 90 und 100) ist natürlich ein Sonderfall der Division (Zeilen 70 und 80 mit A = 1 und B = 0). Mit diesem Instrumentarium sind alle Verknüpfungen zweier komplexer Zahlen möglich. Sind mehrere komplexe Zahlen miteinander zu verrechnen, so wird die Rechnung in mehrere Rechenschritte gegliedert und das Zwischenergebnis in zwei dafür vorzusehende Feldvariablen oder einfachen Variablen gespeichert. In manchen Fällen wird es auch möglich sein, die für das Endergebnis vorgesehene (Feld-) Variable vorerst für das Zwischenergebnis zu benutzen und anschließend mit dem Endergebnis zu überschreiben. In Programmen, in denen bestimmte Verknüpfungen mehrerer komplexer Zahlen häufig vorkommen, können dafür weitere Funktionen selbst definiert werden, wobei darin die angegebenen vorkommen dürfen. Ist beispielsweise die Zeile 50 im Programm enthalten, kann Zeile 70 auch lauten:

70 DEF FN Q(A,B,C,D) = FN O(A,B,C,D)/(C * C + D * D)

was hier aber keine Vorteile bringt. Die Rechnung wird durch Aufruf der FN-Anweisung ausgeführt, z. B. berechnet:

130 DIM A(5)
200 LET A(4) = FN O(A(0),A(1),A(2),A(3))
210 LET A(5) = FN P(A(0),A(1),A(2),A(3))

das Produkt der in A(0) bis A(3) gespeicherten komplexen Zahlen und legt den Realteil in A(4) und den Imaginärteil in A(5) ab.

Einige Heim- und Personalcomputer (z. B. KC 85, Commodore) lassen in selbstdefinierten Funktionen nur eine Variable zu. Dieser Nachteil wird folgendermaßen kompensiert: In den Zeilen 10 bis 120 erscheint in der Klammer hinter dem Funktionsnamen nur eine Variable, z. B. A für den Realteil der ersten Zahl, alles andere bleibt unverändert. Vor dem Funktionsaufruf müssen den restlichen in der Funktion vorkommenden Größen, die als Konstante interpretiert werden, mit der LET-Anweisung die aktuellen Werte zugewiesen werden. Somit ergibt sich:

200 LET B = A(1): LET C = A(2): LET D = A(3): LET A(4) = FN O(A(0))
210 LET A(5) = FN P(A(0))

Ein gutes, aber nicht ausreichendes Kontrollinstrument für die Programmtestung ist das Setzen aller Imaginärteile der Ausgangswerte auf Null. Dann müssen alle Ergebnisse und Zwischenergebnisse ebenfalls reell sein. Der umgekehrte Fall gilt nicht, wie schon an der Produktbildung (Zeile 50) zu sehen ist!

Wolf-Dieter Krohs

Ziffernprüfung

Häufig ist es erforderlich, numerische Variable nicht numerisch, sondern in Strings abzuspeichern (z. B.: Artikelnummern, Materialnummern, Schlüsselnummern usw.).

Die Option „PICTURE" läßt bei der Maskierung mit „#" oder „9" außer Ziffern auch Sonderzeichen wie „+", „–", „.", „ " zu.

Einen String daraufhin zu überprüfen, ob nur Ziffern vorhanden sind, ist normalerweise nur zeichenweise möglich.

Die folgende Befehlssequenz ist schneller. Dabei ist die Länge des zu überprüfenden Strings auf maximal 9 Stellen begrenzt.

Thomas Steffens

```
*-----------------------------------------------------------------
* PRUEFNUM.PRG / 27.05.87 / PRUEFEN VON ZIFFERNSTRINGS
*-----------------------------------------------------------------
* EINGANG: ME1 = < ZU PRUEFENDER STRING >
*
* INTERN : MI1 = < ZWISCHENSPEICHER >
*
* AUSGANG: MA1 = < T,WENN ALLES ZIFFERN / F,WENN NICHT >
*-----------------------------------------------------------------
IF LEN(ME1)<10
 IF '1'+ME1=STR(VAL('1'+ME1),LEN('1'+ME1))
  STORE T TO MA1
 ELSE
  STORE F TO MA1
 ENDIF
ELSE
 @ 21,0 SAY'STRING ZU LANG'+CHR(22)+CHR(7)
ENDIF
RETURN
*-----------------------------------------------------------------
```

TURBO PASCAL

von Gerhard Paulin
Reihe Technische Informatik, VEB Verlag Technik Berlin, 1988, 206 Seiten, 20 Bilder, 3 Tafeln, Broschur, 20,– M

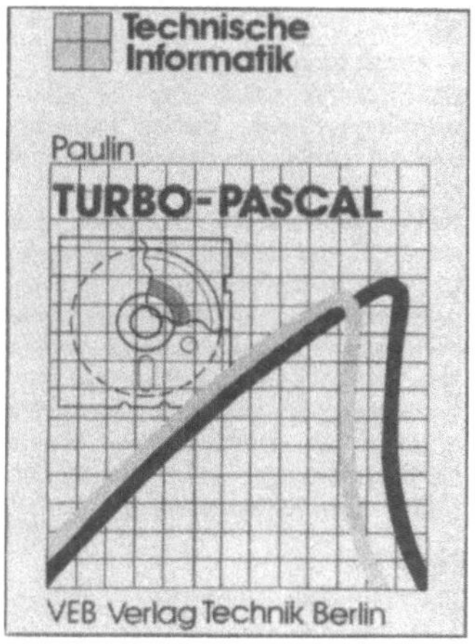

Das moderne Sprachkonzept von PASCAL in Verbindung mit einer leistungsfähigen und unkomplizierten Entwicklungsumgebung hat dem TURBO-PASCAL-System zu großer Popularität verholfen. Der VEB Verlag Technik trägt dem mit vorliegendem Band Rechnung.
Dem Autor scheint trotz des geringen Buchumfangs (206 Seiten) ein Querschnitt gelungen zu sein, der einen breiten Leserkreis anzusprechen vermag. Hier findet sowohl der Einsteiger als auch der Fortgeschrittene wertvolle Anregungen. Der Schwerpunkt liegt neben einer im ersten Teil konzentrierten didaktischen Darlegung grundsätzlicher Aspekte von TURBO PASCAL vor allem auf der exemplarischen Demonstration der Möglichkeiten der Sprache PASCAL. So finden sich neben didaktisch orientierten Beispielen und Aufgaben eine Reihe für die Praxis nicht uninteressanter programmtechnischer Realisierungen – wie etwa: die numerische Integration mittels Simpsonscher Regel, die Lösung eines linearen Gleichungssystems oder die Listenverarbeitung, um nur einige zu nennen.
Auf den ersten Seiten werden Hinweise zur Handhabung der TURBO-PASCAL-Entwicklungsumgebung gegeben. Danach folgt eine systematische und auch für Anfänger geeignete Darstellung der Programmiersprache. Die praktische Anwendung der vorgestellten Sprachelemente wird stets an nachvollziehbaren Beispielen gezeigt. Behandelt und mit Programmquelltext illustriert werden weiterhin das Filekonzept, die Nutzung dynamischer und Pointer-Variablen, Recordvarianten sowie rekursive Prozeduren. Bei den Recordvarianten vermißt man lediglich die sogenannten „free unions". Dafür werden die „discriminated unions" ausführlich und allgemeinverständlich behandelt. Eine hohe Anschaulichkeit bietet auch die Darstellung des Zeigerkonzeptes. Hier werden alle wesentlichen Methoden, die Nutzung des Pointer-Typs betreffend, mit Hilfe von Grafiken und Programmkonstrukten vorgestellt.
Zwölf Seiten sind der maschinennahen Programmierung mittels der TURBO-PASCAL-Implementation für CP/M-80 gewidmet. Es wird Grundsätzliches über externe Unterprogramme sowie INLINE-Assembler mitgeteilt. Auch der mit der Assemblerprogrammierung weniger Vertraute erhält einen Überblick über Mittel und Methoden hardwarenaher Programmierung in der TURBO-PASCAL-Implementation für CP/M-80. Alle Programmbeispiele und Ausführungen im Buch beziehen sich im übrigen auf diese Implementation. In einem der letzten Gliederungspunkte wird ein kurzer Überblick über Bildschirmprogrammierung und Bildschirmsteuerung sowie Grafikerweiterung der TURBO-PASCAL-Implementation für MS-DOS gegeben. Daran schließen sich die Lösungen inclusive Besprechung der in vorangegangenen Gliederungspunkten gestellten Aufgaben an. Damit ist die Möglichkeit der Vertiefung von Kenntnissen in der Programmiersprache im Selbststudium gegeben.
Ein Anhang (28 Seiten) enthält Zusammenstellungen der Syntax von TURBO PASCAL, der Standardfunktionen und -prozeduren sowie der Editorkommandos der integrierten Entwicklungsumgebung. Weiterhin finden sich eine ASCII-Code-Tabelle, eine Zusammenstellung der Fehlernachrichten des Compilers und der Laufzeitfehlermeldungen. Im letzten Teil des Anhangs ist ein Programmbeispiel für einen PASCAL-Quelltext-Lister abgedruckt, der alle reservierten Worte markiert. – Alles in allem ein gelungener Abschluß, der zum Weitermachen anregt. Dem Autor ist es mit „TURBO PASCAL" gelungen, ein didaktisch orientiertes, das TURBO-PASCAL-Handbuch ergänzendes, Arbeitsmittel zu schaffen, das auch dem täglichen Nutzer – ob Einsteiger oder Fortgeschrittener – eine Hilfe sein kann.

Th. B.

Neue Technik – alte Gesellschaft

Silicon Valley

von W. Rügemer, Verlag die Wirtschaft Berlin 1986 (Lizenzausgabe des Pahl-Ruggenstein-Verlages Köln), 252 S., 27 Tab., 12 Bilder, 12,40 M

Der volle Untertitel dieser bemerkenswerten Broschüre lautet: „Silicon Valley: Mythos und Realität vom American Way of Technology". Es berichtet ein „Insider", ein engagierter Gewerkschaftler der BRD. Er schreibt fast wie Jack London – über seinen Studienaufenthalt im kalifornischen „High-Technology"-Mekka Silicon Valley, dem „Silizium-Tal" der USA. Es ist auch das Musterbeispiel der Organisation einer Hochtechnologie in der bürgerlichen Gesellschaft. Mit einer „neuen Leistungselite" ist es zugleich ein Beispiel der Talenteförderung und -ausblutung mit allen Mitteln kapitalistischer Wolfsgesetze, ein Beispiel der neuen Vermarktung wissenschaftlicher Erkenntnisse, also des Wissenstransfers von den Hochschulen und Universitäten der USA in die hochprofitable Privatwirtschaft. Das Schlüsselwort ist „hire and fire" – also „Anheuern", wenn es sich lohnt und „Feuern", wenn nicht mehr genügend dabei herausspringt. Werner Rügemer geht diesem Leben auf den *sozialen* Grund, untersucht erlebnisreich und mit vielen Detailbetrachtungen die Infrastruktur dieser Gesellschaft, der Armen, der Reichen und der Minderheiten, die Ausbeutung der Arbeitskraft, die Rolle der Schulen und Hochschulen, die Gefährdung der Umwelt, Kapitalinteressen und Kapitalstrategien, die Investitionen und Profite, den Niedriglohn, die Arbeitslosigkeit – aber auch die Solidarität weltanschaulich aufgeklärter und politisch denkender Menschen in diesem berühmt-berüchtigten Gebiet von etwa 1000 km^2 mit fast 2000 Firmen bei einer Dreiviertelmillion Menschen. Werner Rügemer ist kein Mikroelektroniker – das spürt man sofort, aber er ist ein bewundernswerter Analytiker des sozialen Geschehens, das den Spezialisten der Elektronik sonst verborgen bliebe. Dieses „Silicon Valley" leistet technologisch Beispielloses, das ist dem Fachmann gegenwärtig.
Um so bemerkenswerter ist die Leistung, die mit der Broschüre vorgelegt wurde. Zugleich ist es ein wichtiges geschichtliches Dokument zur amerkanischen Wirklichkeit.

Prof. Dr. Dr. M. Roth

Das große Computer-Viren Buch

von Ralf Burger, Data Becker GmbH, Düsseldorf, 1987, 363 Seiten, ISBN 3-89011-200-5

Dieses Buch von Ralf Burger bietet einen Einblick in einen Bereich, der für die meisten noch ein terra incognita darstellt. Mit dieser Einführung versehen, ist der interessierte Leser in der Lage, sich durchaus ein Bild von der Virenproblematik zu verschaffen.
Mit einem Überblick über die bisher bekannten und die noch denkbaren Virentypen und ihre Funktionsweisen ermöglicht der Autor, übrigens vom Standpunkt des gestandenen Programmierers ausgehend, eine Einschätzung der Bedrohung der Rechnerwelt durch die Computerviren. Unter Zuhilfenahme einer Studie von Stephan Ackermann legt der Autor auch eine gründliche Analyse der (immer noch sehr verworrenen) Rechtslage auf dem Gebiet der Computer- bzw. Datensicherheit in der BRD, aber auch international vor. Seine Standpunktfindung, motiviert von eigenen rechtlichen, ethischen und kommerziellen Gesichtspunkten, erörtert er überzeugend. Mit diesem Stil der Publikation bewegt sich der Autor sehr geschickt auf dem sehr schmalen Grat der Darlegung von Software und Soft War. Als bemerkenswert ist zu beurteilen, daß der Ansatz des Vergleiches von Computerviren mit Viren der biotischen Welt anschaulich gelungen ist.
Die umfassenden Beispiele illustrieren deutlich die Gefahr von „verseuchten" Systemen und ihre Wechselbeziehung. Demonstrationsprogramme lassen einige Wirkmechanismen erkennbar werden. Der Autor zeigt Infektionswege und damit gewisse Schutzmöglichkeiten bzw. -strategien und gelangt zum Fazit: Es ist kein wirkungsvoller umfassender Schutz gegen Computerviren außer der persönlichen Moral des Programmierers möglich. Die Gestaltung des Buches ist gut, die Themen werden übersichtlich angeordnet. Alles in allem läßt sich sagen: Das Buch bringt einen guten Überblick zum aktuellen Stand der Problematik, aber für einen Profi keine neuen bzw. weiterführenden Erkenntnisse.

Bernd Mischke

Problemlösen mit PROLOG

von M. Hanus, Verlag B. G. Teubner, Stuttgart, 1987, 224 S.

Die logische Programmierung gewinnt im Bereich der Künstlichen Intelligenz und hier insbesondere beim Entwurf von Expertensystemen, aber auch als allgemeines Programmierprinzip, zunehmende Bedeutung.
Das Buch aus der Reihe MikroComputer-Praxis gibt eine gut verständliche Einführung in das Konzept der Programmiersprache PROLOG und in ihre theoretischen Grundlagen, vermittelt eine umfassende Übersicht zu den Sprachbestandteilen und erläutert Programmiertechniken und Anwendungen anhand von Beispielen. Es ist gut geeignet für alle Leser, die PROLOG kennenlernen wollen. Dabei ist die Kenntnis anderer Programmiersprachen und der inneren Funktion von Computern nicht Voraussetzung.
Nach einer einleitenden Betrachtung zum grundsätzlichen Vorgehen beim Programmieren in PROLOG folgt eine systematische Einführung in die Programmiersprache.
Hierbei werden auch das Prinzip des Beweisens von Aussagen durch Resolution und die Unifikation als zentrale Mechanismen der logischen Programmierung herausgearbeitet. Elementare Programmiertechniken werden an Beispielen erläutert, aus denen der Leser auch einen Eindruck über den Anwendungsbereich von PROLOG gewinnt.
Anschließend wird auf die mathematischen Grundlagen der Programmiersprache eingegangen, wobei es gut gelungen ist, Anschaulichkeit und Exaktheit miteinander zu verbinden. Ein Vergleich der rein logischen Semantik mit der Semantik von PROLOG-Systemen wird vorgenommen.
In einer Übersicht werden weitere Sprachkonstrukte wie z. B. für die Ein-/Ausgabe, Arithmetik, Steuerung der Abarbeitung sowie vordefinierte Prädikate und Operatoren behandelt.
Abschließend werden in zwei Abschnitten umfangreichere Anwendungsbeispiele vorgestellt, wobei die Anwendung von PROLOG auf die Beschreibung von Grammatiken hervorzuheben ist.
Eine wertvolle Hilfe für den Leser sind die zu jedem Abschnitt angegebenen Aufgaben und die Zusammenstellung der Lösungen sowie die Hinweise für die praktische Programmierung.

Dr. Harald Killenberg

Koppelprogramm PRG 600–PC 600 zur Prozeßüberwachung

Für das Programmiergerät PRG 600 des VEB Numerik „Karl Marx" wurde ein Koppelprogramm entwickelt, das eine Kommunikation zwischen PRG 600 (PRG 700) und der Steuerung PC 600 (PRG 700) während der Abarbeitung des eigentlichen Steuerprogramms gewährleistet. Die Prozeßüberwachung schließt u. a. folgende Arbeitsmöglichkeiten menügeführt ein:

- Anzeige von durch AD-Wandler erfaßten analogen Meßwerten auf dem Bildschirm
- Anzeige von Prozeßfehlern auf dem Bildschirm
- Änderung von Prozeß-Sollwerten im Steuerungsprogramm über Tastatur
- Archivierung von Prozeßzuständen und Meßwerten auf Diskette (ab Variante PRG 600/3). Zur Weiterverarbeitung der archivierten Werte (im vorliegenden Falle durch BASIC-Programme) am Bürocomputer A 5120/A 5130 können mit Hilfe eines Konvertierungsprogramms, das ebenfalls auf dem PRG implementiert ist, PRG 600-formatierte Disketten in SIOS-formatierte Disketten konvertiert werden.

Das komplexe Koppelprogramm wurde zur Prozeßüberwachung und Steuerung in verfahrenstechnischen Versuchsanlagen getestet und bewährt sich seit mehreren Jahren. Die im PRG 600 implementierten Programmodule besitzen weitgehend problemneutrale Schnittstellen und sind damit an unterschiedliche Problemstellungen anpaßbar.

VEB Komplette Chemieanlagen Dresden, Abt. 697030, PSF 184, Dresden, 8012; Tel.: 2321447

Dr. Syhre

Multitaskerweiterung rMTS für CP/M 86

Das System rMTS (Multi Task System) dient der Multitaskprogrammentwicklung im Betriebssystem CP/M 86. Die Vorteile gegenüber der Anwendung eines vollständigen Echtzeitbetriebssystems (z. B. BOS 1810) liegen in der Nutzung der weitverbreiteten CP/M-Programmentwicklungstechnik und der CP/M-Dateiorganisation sowie in dem geringen Speicherbedarf von rMTS (64 KByte).

Multitaskprogramme können in Assemblersprache oder in der Programmiersprache C entwickelt werden. Interfacebibliotheken gestatten die Anbindung von 56 NUCLEUS-Systemfunktionen (kompatibel zu RMX86). Unter CP/M 86 entwickelte Programmdateien (–.CMD– oder –.H86-Dateien) werden mit dem rMTS-Applicationloader geladen und als Tasks quasiparallel abgearbeitet. In den Tasks können CP/M-BDOS-Funktionen mit Einschränkungen genutzt werden. Die Konsolzugriffe in einem Multitaskprogramm werden über den rMTS-Konsolhandler organisiert.

Während der Programmentwicklung dient ein Objektdebugger der Diagnose der rMTS-Objekte.

rMTS läuft auf 8086-Rechnern unter CP/M 86 und SCP 1700 mit Zeitgeber- und Interruptlogik (8253, 8259A) und ≧ 128 KByte RAM (z. B. Single-Board-Computer 8086 des ZWGB der TU Dresden oder AC 7100). Interessenten erhalten eine 40seitige Dokumentation bei Zusendung einer 5¼"-2s2d-Diskette gegen eine Schutzgebühr von 50,– M.

Wilhelm-Pieck-Universität Rostock, Sektion Technische Elektronik, Bereich Computertechnik, Albert-Einsteinstr. 2, Rostock, 2500

Dr. Jorke

V.24-IFSS-Umsetzer

Aufgabe war es, einen Hardware-Printserver zu schaffen, der 10 PC 1715 auf einen robusten Drucker 1152 ausgeben läßt. Dabei war das generelle Schnittstellenproblem V.24 ↔ IFSS (PC ↔ 1152) technisch sauber zu klären. Das heißt:

- galvanische Trennung aller Geräte
- zuverlässiger Aufbau (Schutzgrad)
- große Übertragungssicherheit
- einfache Handhabbarkeit.

Aus ökonomischer Sicht und Verfügbarkeitsgründen wurde eine Lösung mittels:

- Kanalauswahl über Drehschalter
- billigsten bipolaren Bauelementen
- separater Stromversorgung
- kompaktem Gehäuse (geschlossen)

realisiert, welche nachgenutzt werden kann. Es liegt ein kompletter Zeichnungssatz vor. Das Gerät ist nachbausicher und ohne Spezialwerkzeuge herstellbar. Eine klare Dokumentation erleichtert Aufbau und Inbetriebnahme.

IH Mittweida, Rechenzentrum, Platz der DSF, Mittweida, 9250

Kramer

Die Sprachwerkzeuge YACC und LEX unter DCP und MS-DOS

Bei der Verarbeitung formaler Sprachen (Programmier-, Fachsprachen, ...) sind die UNIX-Werkzeuge LEX und YACC effektive Hilfsmittel für den Programmierer, die aus einer Nutzerspezifikation ein C-Quell-Programm generieren: einen lexikalischen Analysator bzw. einen Parser. Der lexikalische Analysator durchmustert einen Dateistrom nach bestimmten Zeichenketten (Wörter), die vom Nutzer in der Form regulärer Ausdrücke spezifiert werden müssen. Die dabei erkannten Wörter werden dem Parser (als Morpheme) übergeben, der die syntaktische Analyse durchführt. Die der syntaktischen Analyse zugrunde liegende Grammatik wird vom Anwender in einer der Backus-Naur-Form ähnlichen Notation angegeben.

YACC und LEX haben über den Compilerbau im engeren Sinne Bedeutung für die Implementierung von Fach- und Beschreibungssprachen, z. B. in Experten- und Spezifikationssystemen. Die Sprachwerkzeuge YACC und LEX gehören zum Standardumfang eines UNIX-Betriebssystems. In der DDR standen sie bisher nur für Rechner mit UNIX-kompatiblen Betriebssystemen, z. B. für die Rechner K 1630 und A 71XX (Betriebssystem MUTOS) oder für P 8000 (Betriebssystem WEGA), zur Verfügung. Da DCP mehr Freiheiten zur Gestaltung der Bedienoberfläche bietet (direkter Zugriff auf Bildwiederholspeicher, Grafik, farbige Darstellung), ergeben sich hier Möglichkeiten, die Produkte der Sprachwerkzeuge LEX und YACC effektiv einzusetzen und einem großen Nutzerkreis zugänglich zu machen. Deshalb wurde eine Implementierung von LEX und YACC unter dem Betriebssystem DCP vorgenommen. Der Portierung der beiden Sprachwerkzeuge ging die Schaffung einer Möglichkeit zum effektiven Datentransfer zwischen UNIX und DCP voraus. Es wurde ein Funktionsäquivalent des UNIX-Dienstprogramms *tar* unter DCP entwickelt, womit der Datenaustausch zwischen DCP und MS-DOS sowie anderen UNIX-kompatiblen Betriebssystemen (z. B. MUTOS, WEGA u. a.) problemlos möglich ist. Es werden fast alle vom P 8000 verwendeten Diskettenformate (8 oder 9 Sektoren pro Spur, 40 oder 80 Spuren, ein- oder zweiseitig) unterstützt.

TH Ilmenau, Sektion INTET/TBK, Am Ehrenberg, PSF 327, Ilmenau, 6300; Tel. 74245, 74326

Dr. Rempel/Rudorfer

ERIKCOPY

ERIKCOPY ist ein Treiber für den Anschluß einer elektronischen Schreibmaschine vom Typ Erika S 3004 an den Kleincomputer KC 85/1 bzw. KC 87. Dabei wird weder der Druckermodul des KC noch die Interfacebox der Schreibmaschine benötigt. Die Umsetzung des ASCII-Codes in den Schreibmaschinen-Code erfolgt ausschließlich softwaremäßig im vorliegenden Programm. Das Programm wird in üblicher Weise geladen und durch 'ASGN LIST:=ERIKA' aufgerufen. Der Paralleldruck erfolgt nach gleichzeitigem Drücken der Tasten 'CONTR' und 'P'. Eine Hardcopy des Bildschirmes läßt sich durch zusätzliches gleichzeitiges Drücken der Tasten 'CONTR' und 'N' erzielen. Erfolgt der Aufruf durch

'ASGN LIST:=ERIKU'

so werden die Doppelbuchstaben A e usw. als Umlaute ausgegeben. Soll dies verhindert werden, so ist als Trennzeichen ein '&' dazwischen zu setzen. Weiterhin läßt sich das Zeichen 'ß' ausgeben. Dafür muß ein Klammerzeichen geschrieben werden.

Der Hardwareaufwand besteht im Verbinden des seitlichen PIO-Ports des KC mit der entsprechenden Buchse der Schreibmaschine über ein lediglich 2 Transistorstufen enthaltendes Anpaßglied.

VEB Magdeburger Armaturenkombinat, Abt. TKA, Postfach 330, Magdeburg, 3010; Tel. 4390/App. 497

Dr. Nestler

Modula-2-Entwicklungssysteme und portable Bibliothek

Zur Nachnutzung angeboten werden:

- Portable Modula-2-Systembibliothek
- Komplette Modula-2-Entwicklungssysteme mit Zielkodegenerierung für PDP-11 unter RSX 11M und Z 80-Computer unter CP/M oder UDOS. Die Entwicklungssysteme sind auch für kompatible Rechner und Betriebsysteme (OS-RW, MOOS1600, SCP, CP/A u. a.) nutzbar.
- Zusatzprogrammpakete.

Die Bibliothek sowie jedes der 3 Entwicklungssysteme stehen lauffähig und mit identischer Benutzeroberfläche unter jedem der genannten Betriebssysteme sowie zusätzlich unter MS-DOS und DCP als Original- bzw. Cross-Software zur Verfügung. Programme, die unter einem der oben genannten Betriebssysteme unter Nutzung der portablen Bibliothek entwickelt werden, sind auch unter allen anderen Betriebssystemen durch Neuübersetzung sofort verfügbar (100% Quelltextportabilität).

Bibliothek

Zur portablen Bibliothek gehören z. Zt. folgende Komponenten:

- Alphanumerische, akustische und windoworientierte Terminal-Ein-/Ausgabe (Module: KeyIn, DispOut, TermIO, Terminal, WindowOut, Sound)
- Pixelorientierte Vollgrafikroutinen für unterschiedliche Grafikhardware (Geometry, Graphics)
- Datei-Ein-/Ausgabe für unstrukturierte, binäre und textstrukturierte Files sowie Verwaltungsoperationen für Dateiverzeichnisse (Files, Streams, Texts, InOut, FileOpen, DirEntries)
- Konvertierungsroutinen für Umwandlungen zwischen interner (binärer) und externer (formatierter) Datendarstellung für alle Datentypen (WriteNums, WriteReals, ReadNums, ReadReals, NumToStr, RealToStr, Radix50)
- Zeichen- und Stringverarbeitung (ASCIIDefs, Chars, Chars1, Strings)
- Zerlegung und Auswertung von Kommandozeilen (FileNames, Options, NameAndOptions)
- Einheitliche Auslösung, Behandlung und Anzeige von Laufzeit-, Bibliotheks- und Nutzerfehlern (Exceptions, ErrorMessages)
- Überlagerungslader zur Realisierung von Programmüberlagerungen im Hauptspeicher (Loader)
- Mathematische Standardfunktionen und Matrixgrundoperationen (MathLibO, MathConstO, Matrix)
- Ermittlung und Ausgabeformatierung von Zeit und Datum (Clock, Times)
- Testhilfekomponenten zur Unterstützung des Aufbaus dialogorientierter Testrahmen für Module sowie zur einfachen Realisierung von On-line-Testausgaben und zur Kodereassemblierung (T, W, DisAss80, DisAss86)
- Systemkonstanten (Const1)

Zusätzlich sind für die jeweiligen Betriebssysteme nichtportable, systemnahe Module vorhanden, die spezielle Leistungen des jeweiligen Betriebssystems bzw. Prozessors verfügbar machen.

Entwicklungssysteme

Das Entwicklungssystem für PDP-11, SM4, K1630 beinhaltet z. Zt. folgende Teile:
- Compiler RCO
- Linker RLI
- Lader RLO
- Symbolischer Hochsprach-Post-Mortem-Debugger RPD
- Taskgenerierprogramm LNK2TSK zum Linken von RSX11M-Tasks
- Klartextfehlermeldungsprogramm ERR
- Filedekoder RFD zur Dekodierung/Reassemblierung aller im System verwendeten Filetypen.

Die Entwicklungssysteme für CP/M und UDOS bestehen jeweils aus folgenden Komponenten:
- Compiler MCO
- Linker MLI
- Lader MLO
- COM-File-Generierprogramm LOD2COM
- PRG-File-Generierprogramm COM2PRG (nur UDOS)
- Klartextfehlermeldungsprogramm ERR
- Filedekoder MFD zur Dekodierung/Reassemblierung aller im System verwendeten Filetypen.

Zusatzprogrammpaket

- Modula-2-Crossreferenzlister XRF.

Die Programmiersysteme unter CP/M und UDOS arbeiten mit einem Zwischenkode, der interpretativ abgearbeitet wird. Dadurch erhöht sich die Kompaktheit des Kodes gegenüber Assemblerprogrammierung beträchtlich, aber die Abarbeitungsgeschwindigkeit verringert sich.
Für die Nutzung eines Entwicklungssystems unter CP/M bzw. UDOS ist das Vorhandensein einer RAM-Disk empfehlenswert, aber nicht Bedingung.

TU Dresden, Sektion 9 Informationstechnik, Bereich 6 Automatisierungstechnik, Mommsenstraße 13, Dresden, 8027; Tel. 4635068 *Hauptmann*

Erstellung des betrieblichen Kennziffernspiegels

Zur Erstellung des betrieblichen Kennziffernspiegels und des Haushaltsbuchs wurde ein Programm unter dem Betriebssystem SCP mittels Datenbanksystem dBase II entwickelt. Es wird ein Plan-Ist-Vergleich der Kennziffern aller Kostenstellen zum Jahresplan und zum Plan-Berichtszeitraum sowie die Entwicklung der Kennziffern im Vergleich zum gleichen Berichtszeitraum des Vorjahres durchgeführt. Das Programmsystem zeichnet sich durch seine offene Struktur aus. Eine Anpassung an die entsprechende Betriebsstruktur ist mit minimalem Aufwand realisierbar.
Die Anzahl der Kostenstellen, der Kennziffern sowie die Anzahl der Verknüpfungen von Eingabekennziffern ist beliebig und nur durch die Diskettenkapazität begrenzt.
Die Anzahl der Kostenstellen für jede einzelne Kennziffer ist variabel einstellbar, so daß nutzerseitig nur die tatsächlich benötigten Kostenstellen bearbeitet werden müssen.
Die Drucksteuerung ist so organisiert, daß bis zu 10 inhaltlich verschiedene Druckvarianten gleichzeitig angeboten werden.

VEB Landtechnische Instandsetzung Laucha, Golzenerstraße 6, Laucha/U., 4807 *Kirsten*

Parallelverarbeitung unter CP/M und Turbo-Pascal

Es wird eine Softwarelösung zur Nachnutzung angeboten, die eine Parallelverarbeitung unter CP/M-Betriebssystemen und Turbo-Pascal ermöglicht. Das Prinzip eignet sich für Applikationen, wo neben einem Hauptprogramm eine feste Anzahl von Hintergrundtasks bearbeitet werden müssen, z. B. bei Echtzeitanwendungen, Rechnerkopplung, Protokolldruck und Grafiksystemen. Kriterien sind:
- Installieren des Regimes *Parallelverarbeitung* für das CP/M automatisch beim Kaltstart des Systems
- Anlagerung der Steuerung für die Parallelbearbeitung im Betriebssystem ohne Verwendung von Interrupts
- Die Tasksteuerung läuft unabhängig vom Hauptprogramm im Hintergrund ab. Damit können beliebige CP/M-Anwenderprogramme ohne Modifizierung in die Parallelarbeit einbezogen werden. Die Steuerung der Parallelarbeit benötigt praktisch keine Rechenzeit, da Systemtotzeiten ausgenutzt werden.
- Haupt- und Hintergrundprogramme können in Turbo-Pascal oder Assembler geschrieben sein.

Zur Nachnutzung stehen zwei Softwarepakete zur Verfügung:

1. Parallelverarbeitung für CP/M (allgemeine Lösung)

Entsprechend Schnittstellenbeschreibung kann der Nachnutzer beliebige Parallelverarbeitungssysteme realisieren.

2. Spezielle Parallelverarbeitung für CP/A der AdW zur Kopplung mit Rechnern EAW electronic S2000-R über IFSS/V.24

Dieses Softwarepaket ermöglicht den Aufbau von Prozeßleitsystemen auf PC/BC unter CP/A und Turbo-Pascal. Dabei wird das Hauptprogramm in mehreren Hintergrundebenen im Sinne der Echtzeitverarbeitung von Kopplungsaufgaben zu maximal 8 Prozeßreglern S2000-R über IFSS/V.24 und Protokolldruck entlastet.

VEB Zentralinstitut für bezirksgeleitete Industrie und Lebensmittelindustrie, Abt. 114, Eichbuschallee 51, Berlin, 1195; Tel. 6329911 App. 65 *Kalok/Klein/Kretzschmann*

Universelle K-1520-Schnittstellensteuerung für Drucker und Plotter

Die Mehrzahl derzeit vorhandener Drucker verschiedener Hersteller verfügt über eine V.24- oder IFSS-Schnittstelle. Ebenfalls verbreitet sind parallele Schnittstellen wie Centronics und IFSP. Rückläufig ist der Einsatz der Seriendrucker SD 1154 und SD 1156. Die Steckeinheit DAP ermöglicht die Ansteuerung folgender Schnittstellen:
Centronics, IFSP, SIF 1000/1 (SD 1156), Sonderschnittstelle für SD 1154, V.24, IFSS.
Die Bedienung der seriellen Schnittstellen erfolgt mittels Adapter in Verbindung mit der STE DAP als Funktionseinheit. Die Schnittstellensteuerung übernehmen 2 PIO UB 855 unter Verwendung entsprechender Leitungstreiber. Zum Anschluß der parallelen Interfaces sind 39polige Steckerleisten der Bauform 302-39 verwendet worden. Zur Parallel-Serien-Wandlung der Daten werden 2 Leitungen der PIO-Ports (Ein-/Ausgabe) verwendet. Die Datenübertragungsrate wird softwareseitig von der Programmlaufzeit abgeleitet. Damit steht dem Anwender eine sehr preisgünstige und leistungsstarke Schnittstellensteuerung unter minimalem Hardwareeinsatz zur Verfügung.
Die K-1520-Leiterplatte sowie die genannten Adapter können kurzfristig bezogen werden.
Im Softwareangebot stehen zur Nachnutzung bereit:
- Programme für die Gerätegeneration MC 80.xx zum Druck von Quelltext, Objektcode, BASIC-Listing, BASIC-Argumenten, Grafik usw.
- Driver (Initialisierung, Programm zum Druck eines Zeichens) für alle genannten Schnittstellen, angepaßt an den jeweiligen Druckertyp.

VEB Elektronik Gera, Abt. EN, Parkstraße 3, Gera, 6500; Tel. 584167 *Ehrhardt*

TMAS/GETVAR für Turbo-Pascal

Das Programm **TMAS** stellt ein Programmierwerkzeug für den Pascal-Programmierer dar. Es kann in der Hand sowohl von Anfängern als auch von fortgeschrittenen Programmierern bei der Erstellung bildschirmorientierter Ein-/Ausgabeprozeduren, Nutzermenüs oder nur einfacher Bildschirmmasken ohne Variablenausgabe einen hohen Rationalisierungseffekt erzeugen. Es handelt sich um einen bildschirmorientierten Programmgenerator, das heißt, fast alle Informationen, die der Generator benötigt, werden der Bildschirmdarstellung entnommen. Die Bedienung ist der von Turbo-Pascal angenähert (ebenfalls eigener Editor).
Von TMAS generierte Prozeduren sind vom Programmierer geeignet zusammenzustellen, um Variablendeklarationen und -initialisierungen zu ergänzen, damit ein compilierfähiges Programm entsteht. Nur selten wird geringfügiges Verändern notwendig sein.
Die Programmdatei **GATVAR. INC** enthält den Quelltext einer universellen, eventuell vom Nutzer auch erweiterbaren Eingabeprozedur, die auch unabhängig vom Generator in eigenen Programmen nutzbar ist. Eine ausführliche Bedienungsanleitung sowie 3 Beispiele gehören ebenfalls zum Nachnutzungsumfang.

VEB Robotron Büromaschinenwerk „Ernst Thälmann" Sömmerda, BfN, Weißenseer Str. 52, PSF 43, Sömmerda, 5230; Tel. 43257 (BfN), 21110 (Schenk) *Dr. Koch/Schenk*

Turbo-Window-Box für SCP 1700

Es wurde ein Programm entwickelt, das es ermöglicht, die von MS-DOS bekannte Windowtechnik auch unter SCP 1700 zu ermöglichen. Damit wird der Programmierer in die Lage versetzt, schnell und unkompliziert Menüs und Hilfsmenüs aufzubauen und den Bediener zu führen.
Die Window-Box ist speziell auf die Hardware (Bildschirm Alpha 1) des A 7100 zugeschnitten. Durch Einbinden der Window-Box in ein beliebiges Turbo-Pascal-Programm verbleibt nach Initialisieren eines Windows die Kursorsteuerung im aktuellen Window. Zum Schreiben werden die bekannten Befehle **write();** und **writeln();** benutzt.
Die Window-Box erkennt Steuerzeichen zur Kursorpositionierung, zum Löschen des Bildschirms und zur Helligkeitssteuerung – alle Steuerzeichen werden im aktuellen Window ausgeführt.
Beim Ausschalten der Windowfunktion bzw. beim Initialisieren eines neuen Windows wird der Windowinhalt abgespeichert. Erfolgt ein neuer Aufruf des Windows, wird der alte Inhalt wieder dargestellt, und die Kursorsteuerung wird an der alten Stelle fortgesetzt.

VEB Optima Aschersleben, Abt. F/E, Wilhelmstraße 21/31, Aschersleben, 4320; Tel 5151 App. 238 *Kaul*

Fakten-Recherchesystem

Aufgrund des großen Zuspruchs, den das Fakten-Recherchesystem REDAFAKT für 8-Bit-Mikrorechentechnik gefunden hat, erfolgte nunmehr eine Anpassung an die 16-Bit-Version SCP 1700.
Das dialogorientierte REDAFAKT basiert auf dem relationalen Datenbankbetriebssystem REDABAS und dient der Erfassung, Pflege, Recherche und wahlfreien Ausgabe von Daten fester Länge auf Bildschirm und/oder Drucker. Dem Charakter der zu erfassenden Objekte entsprechend bildet das Grundschema dieses Programmes eine Matrix, die den Aufbau von Dateien mit einer vom Anwender bestimmbaren (beliebigen) Anzahl von Feldnamen gestattet, wobei die maximale Länge eines Feldnamens 19 Zeichen betragen kann. Entsprechend dem Erfassungsmodus erfolgt die Dateneingabe auf Maskenbasis nach dem Prinzip „Feldname: Feldaussage(n)". Die Pflege beinhaltet sämtliche gespeicherten Daten und sichert neben einer permanenten und unkomplizierten Aktualisierung des Datenbestandes die Fortschreibung bis zum physischen Ende einer Diskette. Das Rechercherepertoire umfaßt die Funktionen der Booleschen Algebra und realisiert neben diesen Möglichkeiten die vergleichende und partielle Suche im Datenfonds. Die Dialogsteuerung mittels Menütechnik erfordert bezüglich ihrer gerätetechnischen Bedienung keine datenverarbeitungsspezifischen Kenntnisse und unterstützt eine redundanzarme, Dialogschritte überspringende und/oder zusammenfassende Korrespondenz.
Das Programm ist überall dort nutzbar, wo sich der zu dokumentierende Sachverhalt in das o. g. Erfassungsschema eingliedern läßt, der Datenbestand sich qualitativ für die dezentrale Rechentechnik mit ihren spezifischen Speichermedien eignet und tabellarische Aufbereitungsformen zweickmäßig erscheinen.

VEB Robotron-Elektronik Dresden, Leitstelle für Information/Dokumentation, PSF 330, Dresden, 8012; Tel. 4872301 *Brünner*

MC-68030-Prozessor mit 33 MHz

Motorola hat seine 32-Bit-Mikroprozessorfamilie um eine Version des MC 68030 mit 33 MHz erweitert. Damit dürfte dies der zur Zeit schnellste Mikroprozessor für universelle Anwendungen auf dem Markt sein.
Als einer der ersten Hersteller hat die Firma Apollo Domain bereits Workstations auf Basis dieses MC 68030 vorgestellt. Die neue Serie DS 4500, die es mit Interleaved Memory auf 8 MIPS bringt, nutzt außerdem den mathematischen Koprozessor MC 68882 und einen 64-KByte-Cache. Hewlett-Packard kündigte an, daß der Prozessor in einem Spitzenmodell der Workstation-Serie 9000 eingesetzt werden wird.

MP

16-Bit-Spezialist für Forth

Durch direkte Ausführung von Forth-Programmcode kann der von Harris Semiconductor vorgestellte 16-Bit-Mikrocontroller RTX-2000 über 10 MIPS Befehlsdurchsatz erreichen, weshalb der Baustein für zeitkritische Echtzeit-Steuerungsaufgaben gut geeignet ist. Die denkbaren Einsatzbereiche fangen bei Robotersteuerungen an und umfassen auch komplexe Bildverarbeitungs- und Signalverarbeitungs-Systeme sowie Applikationen der künstlichen Intelligenz.
Der Chip stellt das erste Miglied der von Harris vorgestellten „Real Time Express"-Familie dar, deren Konzept den Anwender von der Notwendigkeit befreit, Programme für Echtzeit-Anwendungen unmittelbar in Assembler zu formulieren. Damit ist diese Controller-Serie die erste, die unmittelbar eine Hochsprache akzeptiert. Die Bausteine verfügen auch über flexible Peripherie-Anschlußmöglichkeiten, so daß die Einbindung in bestehende oder zu konzipierende Systemarchitekturen keine Probleme aufwerfen dürfte.

MP

Ventura Publisher Version 2.0

Auch professionelles „Publizieren am Schreibtisch" soll jetzt die neue Version des DTP-Programms Ventura Publisher von Rank Xerox ermöglichen. Lauffähig ist das Programm auf allen IBM PC XT/AT, Kompatiblen und auf dem PS/2. Das „neue Ventura" erlaubt die vollständige Integration von Texten, Grafiken und über Scanner eingelesenen Vorlagen und wird jetzt in drei Versionen angeboten: einer Basis-Version, einer Netz-Version und einer Profi-Erweiterungsversion.
Die neue Version 2.0 weist mehr als 70 Neuerungen gegenüber der Version 1.2 auf. Besondere Merkmale sind: Netzwerkfähigkeit, die Erstellung von Tabellen und Formeln, verbesserte Halbtonverarbeitung, erweiterte Grafikfunktionen, interaktives Kerning, vertikaler Keil, Textrotationen sowie die Erweiterung der Druckker- und Bildschirmtreiber plus Fonts.

MP

EPROMs mit 4 und 8 MBit

Der **HME 881000** ist ein 8-MBit-Hybrid-EPROM (linkes Bild), der aus acht 1-MBit-EPROMs aufgebaut ist. Die Adreß- und Datenleitungen sind mit Decodern und Treibern versehen, so daß sich der gesamte Schaltkreis wie ein 8-MBit-EPROM verhält. Das Gehäuse hat 48 Pins und eine Größe von $61 \times 30{,}5 \times 8{,}6\,mm^3$. Die Zugriffszeiten liegen zwischen 200 und 350 ns.
Das rechte Bild stellt den 4-MBit-EPROM **µPD27C4001DZ** von Nippon Electric (NEC) dar, der ab Januar produziert werden soll. Er wird in 1-µm-CMOS-Technologie gefertigt und mit Zugriffszeiten von 120 bis 200 ns angeboten. In Vorbereitung ist die fensterlose Version dieses Schaltkreises. Beide sind kompatibel zum ROM µPD23C4001E von Kawasaki, der bereits verfügbar ist. Mit einem entsprechenden Programmieralgorithmus kann der µPD27C4001DZ mit 100-ns-Impulsen in 60 Sekunden programmiert werden. Verkappt ist er mit einem 32poligen Keramikgehäuse, das ein großes Fenster für das $5{,}48 \times 14{,}79\text{-}mm^2$-Chip enthält.

MP

Schneller Transputer-Chip

Inmos International hat eine 25-MHz-Version des T800-Transputer-Chips vorgestellt. Die Serienproduktion soll in diesem Jahr anlaufen. Der T800 kombiniert einen 32-Bit-Integer-Prozessor mit einer 64-Bit-Arithmetik-Einheit. Inmos gibt die Leistung des 25-MHz-Chips mit 2,9 MFLOPS an. Eine 30-MHz-Version ist geplant.

MP

Superminicomputer MV 40000

Die Firma Data General stellte kürzlich ihre 32-Bit-Superminicomputerfamilie MV 40000 vor, die sie als ihr bisher leistungsfähigstes System bezeichnet. Das Modell MV/40000 beispielsweise ist kompatibel zu den bisherigen MV-Produkten und erlaubt die Verarbeitung von bis zu 14 MIPS (Millionen Operationen pro Sekunde). Noch leistungsfähiger ist das Modell 40000 HA (High Availibility), das bis zu vier symmetrische Multiprozessoren unterstützt und es damit bis auf 50 MIPS bringt. Damit soll es etwa die doppelte Leistung der Vierprozessor-VAX 8840 haben, die von DEC als Spitzenmodell eingestuft wird.

MP

Kombination von Silizium- und Galliumarsenid-Technik

In der Mikroelektronik ist Silizium heute der Hauptwerkstoff. Die meisten integrierten Schaltungen, die in Computern und anderen Elektronikprodukten zu finden sind, bestehen aus feinsten, in das Silizium eingebrachten Strukturen. Aber auch der Halbleiter Galliumarsenid findet wegen der damit möglichen hohen Schaltgeschwindigkeiten für spezielle Zwecke Anwendung. Die Nachteile dieses Materials begrenzen seinen Einsatz. Arsen ist giftig, und die Herstellung von Wafern (Scheiben, aus denen Chips gefertigt werden) aus Galliumarsenid ist schwieriger und teurer als aus Silizium.
Neue Möglichkeiten ergeben sich jetzt mit einer Technik, die es gestattet, Galliumarsenid auf eine Siliziumunterlage aufzubringen. Damit gelingt es, die Vorteile beider Halbleiter – Geschwindigkeit und bewährtes Herstellungsverfahren mit großer Integrationsdichte – auf einem Chip zu vereinen. Geplant sind Chips, die auf einem Baustein gleichzeitig preiswerte, aber vergleichsweise langsame Silizium-Transistoren und die schnelleren Galliumarsenid-Elemente tragen. Da diese nicht so dicht angeordnet werden können wie Siliziumtransistoren, übernehmen sie bei einem derartigen Schaltkreis nur die Aufgaben, für die höchstes Tempo erforderlich ist.
Die schnellere Schaltgeschwindigkeit in Galliumarsenid beruht darauf, daß sich in diesem Halbleiter die Elektronen etwa fünfmal so schnell bewegen wie in Silizium. Wegen dieser höheren Beweglichkeit genügen geringere Spannungen zum Beschleunigen, die Leistungsaufnahme der Bauelemente ist dadurch kleiner. Allerdings ist das Aufbringen von Galliumarsenid auf Silizium sehr kompliziert. Zwar bestehen beide Stoffe aus einfachen kubischen Kristallgittern, jedoch mit unterschiedlichen Atomabständen, so daß die Gitter nicht genau aufeinander „passen".
Neben der Herstellung kombinierter Silizium-Galliumarsenid-Chips gilt derzeit auch der Produktion reiner Galliumarsenid-Schaltungen auf Siliziumwafern das Interesse der Forscher. Ziel ist es, kostengünstig leistungsfähigere Chips fertigen zu können. Ein Teil der komplizierten Schaltkreis-Herstellung soll nach der bekannten und bewährten Siliziumtechnik ablaufen; nur für wenige Produktionsschritte ist die schwierigere Galliumarsenid-Technik vorgesehen.
Mit einer gemischten Galliumarsenid- und Siliziumtechnik ist es amerikanischen Forschern bereits gelungen, einen statischen Schreib-Lese-Speicher (SRAM) zu fertigen. Er enthält 7500 Transistorfunktionen. Ein weiterer Baustein, der verschiedene logische Operationen bewältigt, umfaßt 6000 Transistoren. Wie überlegen dem derzeit noch die Herstellungsverfahren für reine Siliziumchips sind, wird daran deutlich, daß dort auf einer wenige Quadratmillimeter großen Fläche viele Millionen Bauteilfunktionen untergebracht werden können.

ADN

Betriebssysteme in Konkurrenz

Das Marktforschungsunternehmen Diebold erwartet, daß das Mikrocomputer-Betriebssystem MS/DOS noch etwa vier Jahre seine Marktstellung halten wird. Ab 1993, so die Managementberater, werde sich OS/2 durchsetzen. Auf der Ebene der Zentralrechner sollen herstellerspezifische Betriebssysteme ihre hohe Marktbedeutung behalten. Das gilt vor allem für die IBM-Betriebssysteme MVS, VM und auch noch VSE, ebenso für das Siemens-System BS 2000.
Im Bereich der mittelgroßen Rechner werden nach Überzeugung Diebolds herstellerspezifische Betriebssysteme wie VMS (Digital Equipment), VSE (IBM), MPE (HP) oder OS/400 (IBM) in harter Konkurrenz mit dem Standardbetriebssystem Unix stehen, das künftig wachsende Akzeptanz finde, auch wenn seine Funktionalität noch nicht das hohe Niveau herstellerspezifischer Betriebssysteme erreiche. Auf der Workstation-Ebene hätte Unix 1987 bereits einen Absatzanteil von 55 bis 65 Prozent gehabt. Im Preis-/Leistungsverhältnis weise Unix Vorteile gegenüber der herstellerspezifischen Konkurrenz auf.

MP

Neuer Supraleiter

Die Entdeckung eines dritten Typs der neuen Hochtemperatursupraleiter meldete kürzlich ein Forscherteam des Nationalen Forschungsinstituts für Metalle der japanischen Agentur für Wissenschaft und Technik. Dieses Material enthält keine seltenen Erden und setzt sich aus Wismut, Strontium, Kalzium und Kupferoxid zusammen. Es läßt sich relativ einfach herstellen und weist zwei supraleitende Phasen auf, wobei die Phasen mit der höheren Temperatur bei 105 Kelvin (Minus 168 Grad Celsius) supraleitend wird. Seine Struktur scheint sich völlig von der herkömmlicher Supraleiter zu unterscheiden. Umfassende Analysen sollen helfen, neue Erkenntnisse über die Mechanismen der Supraleitung zu gewinnen.

ADN

Schritte zur Realisierung neuraler Rechnernetze

Informationsverarbeitungssysteme, die in Analogie zu denen der Lebewesen arbeiten, gehören zu den am schnellsten expandierenden Forschungsbereichen.
Seit 2 Jahren werden neurale Netzwerke kommerziell genutzt. Gegenwärtig sollen 150 solcher Netzwerke im Einsatz sein. Die aus einer Vielzahl gekoppelter Prozessoren bestehenden Netze verfügen über eine wesentlich höhere Verarbeitungsleistung als konventionelle Rechner. Äußerst aufwendig ist der Entwurf derartiger Netze. Bisher wurden die Netze auf konventionellen Rechnern simuliert. Die Simulation eines parallelen Systemkonzeptes auf einem konventionellen Rechner erfordert jedoch sehr hohe Rechenzeiten. Die Firma Texas Instruments soll ein Rechnersystem entwickelt haben, das die effektive Simulation neuraler Netze gestattet. Die Verarbeitungsleistung dieses Rechners entspricht der von 100 Minicomputersystemen. Grundlage des Computers mit der Bezeichnung *Griffin* sind ein spezifischer Chip zur Simulation und ein Kommunikationschip. Diese Chips sind mit einem konventionellen Mikroprozessor und dem Hauptspeicher auf einer Leiterplatte (Netsim-Karte) verbunden. Der Rechner besteht aus 36 Leiterplatten. Der Kommunikationschip ermöglicht zwischen der Karte einen Informationsaustausch mit 10 Megabit/Sekunde. Die einzelnen Leiterplatten, die Minicomputersysteme darstellen, sind mit einem konventionellen Personalcomputer als Hostrechner gekoppelt. Der Hostrechner übernimmt die Korrespondenz mit dem Nutzer, die Herstellung der Anfangszustände, die Realisierung der Eingaben und Ausgaben sowie die Fehlerbeseitigung.
Diese Kombination des Personalcomputers mit den Netsim-Karten vereint einen einfachen Zugang zum Rechner und die Nutzung hoher Verarbeitungsgeschwindigkeiten.

Quelle: Blick durch die Wirtschaft vom 22. 8. 1988 *Wi*

Bildverarbeitung mit Video-Geschwindigkeit

Die japanische Firma Fujitsu hat nach eigenen Angaben mit dem Verkauf des international ersten Bildverarbeitungsverfahrens begonnen. Dieses Bildverfahren verarbeitet bewegte Farbbilder, die mit Fernsehkameras aufgenommen wurden, in Video-Geschwindigkeit. Bei dem neuen Verfahren mit der Bezeichnung *Fujitsu Integrated Visual Information System/Video-Rate Image Processing System* (FIVIS/VIP) wird eine variabel strukturierbare Leistungsarchitektur verwendet, um bewegte Bilder in Video-Geschwindigkeit von 60 Aufnahmen pro Sekunde zu analysieren, zu verarbeiten und evtl. zu verändern oder zu ergänzen.
Das neue Verfahren nutzt zehn Hochgeschwindigkeits-Bildverarbeitungs-Basismodule, die gleichzeitig und parallel zueinander arbeiten. Sie erkennen Farben, entdecken sich bewegende Objekte und Formen und können die Position von Gegenständen ausmachen. Das neue Verfahren könnte in zahlreichen Gebieten, wie bei der Kontrolle von Erzeugnissen im Fertigungsprozeß und beim Objektschutz, Anwendung finden.
Wird das Verfahren in Verbindung mit Infrarot-Detektoren oder multiplen Kameras zum Einsatz gebracht, könnte es auch zum Aufspüren von Unregelmäßigkeiten in der Hitzeverteilung oder zur Entfernungsmessung in Echtzeit verwendet werden.
Für das neue Verfahren setzt Fujitsu einen Minicomputer Facom A-50S ein.

Fa

LCD-Farbbildschirm von Sharp mit 1,2 Mio Bildpunkten

Die Firma Sharp entwickelte einen neuen hochauflösenden Farbbildschirm in LCD-Technik mit 1,2 Mio Bildpunkten. Der Bildschirm, der 2,7 cm dick, 27,8 cm breit und 22,1 cm hoch ist, wiegt nur 1,8 kg. Das Farbbild besteht aus 308160 in Deltakonfiguration angeordneten Bildelementen, so daß insgesamt 1232640 Bildpunkte vorhanden sind. Probleme bereitet bei solch einer Konstruktion die Ansteuerung, denn es muß jeder Bildpunkt einzeln angeregt werden. Die Firma will dieses Problem mit Hilfe der Dünnfilm-Transistor-Technik lösen. In 17,5 ms baut sich das Bild auf und steht ohne erkennbares Flimmern. Der seitliche Betrachtungswinkel von links nach rechts liegt bei 60 Grad, von oben bei 20 Grad und von unten bei 30 Grad. Der Kontrast wird mit 1 zu 1000 angegeben. Ob dieser Bildschirm auch für Bewegtbilder einsetzbar ist, wird noch getestet.

Quelle: Blick durch die Wirtschaft vom 4. 8. 1988

Fa

Forschungen zur Molekularelektronik in Großbritannien

Im Rahmen ihres Link-Plans unterstützt die britische Regierung fünf neue wissenschaftliche Programme. Eines dieser Programme ist die Erforschung der Molekularelektronik mit dem Ziel, einen völlig neuartigen Computer zu entwickeln. Dabei könnte es sich um einen chemischen oder biochemischen Computer handeln, der organische Moleküle nutzt, um Informationen zu verarbeiten. Die britische Regierung unterstützt dieses Programm mit einer Investition in Höhe von 10 Mio Pfund. An diesem Programm arbeitet eine Gruppe von Wissenschaftlern aus Industrie und Forschung. Diese Arbeitsgruppe hat zunächst versucht, eine Auswahl unterschiedlicher Forschungsrichtlinien aufzustellen. Das Endziel soll ein Computer ohne die Begrenzung der Silizium-Chips sein, bei dem u. a. keine Probleme hinsichtlich des Wärmeverlustes auftreten. Die Wissenschaftler bezeichnen ihren Computer als *Supermolekular-Informationsprozessor* (SIP). Bei der Molekularelektronik werden organische Moleküle durch elektrische und elektromagnetische Signale angeregt. Ein Beispiel für organische Moleküle, die auf elektrische oder Wärmesignale reagieren, sind die Flüssigkristallanzeigen in Uhren und Fernsehkleinstgeräten. Einen neuen Anwendungsbereich für die Molekularelektronik sieht man in der Möglichkeit, künftig in Filmen oder sogar bei dreidimensionalen Matrizen mit Hilfe des Langmuir-Blodgett-Verfahrens organische Moleküle zu organisieren.
Die Arbeitsgruppe ist der Ansicht, daß dies der einzige gegenwärtig bekannte Weg ist, der zu einer Supermolekularbaugruppe führen könnte. Eine derartige Baugruppe könnte sogar aus biologischen Molekülen bestehen.
Die große Auswahl an Molekularstoffen, besonders an organischen Feststoffen, eröffnet nach Ansicht von Experten verschiedene Möglichkeiten für künftige Fortschritte. Anorganische Stoffe bieten langfristig dagegen relativ wenig Möglichkeiten.
Der Trend geht dahin, organische Stoffe zu entwickeln, die genau über diese benötigten Eigenschaften verfügen.
Im Rahmen des britischen Link-Plans wird die Molekularelektronik als „systematische Erschließung molekularer, einschließlich makromolekularer und biomolekularer Stoffe für die Elektronik sowie verwandte Gebiete, wie z. B. die Optoelektronik", definiert.
In den nächsten zehn Jahren sollen Hybridverfahren entwickelt werden, bei denen ein Gerät teils auf herkömmlichen Feststoffen und teils auf Molekularelektronik beruht.
Auf der Basis der Hybridverfahren sollen völlig neue Gerätetypen zum Speichern, Verarbeiten, Übertragen und Umwandeln von Daten, die vollständig aus der Molekularelektronik abgeleitet werden, folgen. Die Wissenschaftler wollen außerdem noch Energiequellen in Form von Batterien mit einer dünnen Schicht als wesentlichem Bestandteil des chemischen Chips herstellen.
Die Arbeitsgruppe untersucht vier Möglichkeiten, wie die Elektronik mit Hilfe von Langmuir-Blodgett-Schichten (L-B-Schichten) weiterentwickelt werden kann. Die erste Möglichkeit bietet sich aufgrund der nichtlinearen Eigenschaften, bedingt durch ihr einzigartiges Herstellungsverfahren. Die zweite Möglichkeit beruht auf mikrolithografischem Fotolack für künftige Chipgenerationen. Tunneleffekt-Abstandsringe sind die dritte Möglichkeit, wobei man die Tatsache ausnutzt, daß ihre Stärke reduziert werden kann bis zu einem Nanometer.
Die vierte Möglichkeit stützt sich auf Sensoren, besonders Biosensoren, die z. B. aus Enzymen oder Antikörpern bestehen. Ein derartiger Sensor könnte in der Lage sein, eine immunologische Reaktion zu steuern. Er könnte sogar den Weg für einen Biocomputer ebnen, bei dem lebende Organismen verwendet werden.

Quelle: Financial Times vom 4. 2. 1988

Wi

Weitere Kapazitätserhöhung bei 3,5-Zoll-Winchesterlaufwerken

Dem Bestreben nach Miniaturisierung der Informationsverarbeitungsgeräte kommen auch die Speicherproduzenten nach. Die Firma Maxtor stellte als Spitzenmodell ein 3,5-Zoll-Winchesterlaufwerk vor, das eine Kapazität von 200 MByte bei einer Zugriffszeit von 10 ms aufweisen soll, wobei eine weitere Steigerung in Aussicht gestellt wurde.
Der Einsatz ist besonders für Workstations, PCs und tragbare Computer vorgesehen. Besonderer Wert wurde deshalb auf Sicherheit unter rauhen Betriebsbedingungen gelegt. So beträgt die Stoßfestigkeit 50 g. Der MTBF-Wert wird mit 50000 Stunden und die Leistungsaufnahme mit 10 W angegeben. Gleichzeitig wurde für den Massenmarkt ein Modell mit einer Speicherkapazität von 100 MByte, einer Zugriffszeit von 30 ms, einem MTBF-Wert von 40000 Stunden und einer Leistungsaufnahme von 13 W angekündigt.

Quelle: Elektronik. – München 37(1988)17. – S. 52

Fa

Additivtechnik modernisiert Leiterplattenfertigung

In Japan wird derzeit bereits ein Drittel aller Leiterplatten, insbesondere die für technisch und qualitativ hochwertige Industrieelektronik, nach einem neuen Herstellungsverfahren gefertigt. Es wird als Additivtechnik bezeichnet und soll der zunehmenden Miniaturisierung gerecht werden, die nicht nur modernste Verfahren für die Bauelementeherstellung, sondern auch für ihre Träger erfordert.
Das erste, jahrzehntealte, aber noch immer am meisten angewandte Verfahren zur Herstellung von Leiterplatten ist die Subtraktionstechnik. Als Grundmaterial dafür dient dünnes, vollständig mit Kupferfolie beschichtetes Isoliermaterial wie Papier oder Glasepoxi. Nach dem Aufbringen einer Fotomaske ätzt man von dieser Schicht das Kupfer so ab, daß nur die Lötaugen und die sie verbindenden Leiterbahnen stehen bleiben. Im Detail erfordert das etliche kostenintensive Arbeitsgänge. Feinste Leiterbahnen, wie sie für die heute gefragten Packungsdichten erforderlich sind, lassen sich damit kaum erreichen.
Diese Nachteile überwindet die Additivtechnik. Bei diesem Verfahren wird Kupfer aus einem chemischen Bad nur an genau den Stellen auf dem Grundmaterial abgeschieden, wo Leiterbahnen sein sollen. Schwierigkeiten bereitete dabei zunächst die Bindung des abgeschiedenen Kupfers auf dem Trägermaterial. Ein „Kleber" wurde gesucht, der eine lötfeste Verbindung garantiert.
Diesen Kleber fanden USA-Wissenschaftler mit ihrem A-50-Verfahren, bei dem das Kupfer aus einem 73 bis 74 Grad Celsius warmen Kupfersulfatbad abgeschieden wird. Die darin enthaltenen Zusätze von Palladium, Chromschwefelsäure und Natriumfluorid sorgen für sichere Haftung.
Die Feinheit der Leiterbahnen betreffend, meinten die Entwickler des Verfahrens, daß hier eher die fotochemischen Vorlagen und Vorgänge beim Aufbringen des Leiterbahnmusters Grenzen setzen als die Additivtechnik, mit der auch schon sogenannte Multilayer-Leiterplatten gefertigt werden, bei denen sich mehrere Lagen von Leiterbahnen übereinander befinden.

ADN

44. Internationale Technische Messe Plowdiw '88

Vom 26. September bis 2. Oktober 1988 fand in Plowdiw (VRB) zum 44. Mal die Technische Herbstmesse mit wiederum gestiegenen Aussteller- und Besucherzahlen statt. Es beteiligten sich 33 Länder mit 3676 Firmen, darunter 2401 ausländische Aussteller. Wie der Generaldirektor der Messe, Kiril Asparuchow, erläuterte, ist diese Steigerung vor allem der Stimulierung des Handels und der Industriekooperation zwischen bulgarischen und ausländischen Firmen zu verdanken. Grundlage dafür ist die auf dem Juliplenum 1987 beschlossene wirtschaftliche Umgestaltung, gekennzeichnet durch Selbstverwaltung der Betriebe, ihre Freizügigkeit, mit bulgarischen und ausländischen Firmen Gemeinschaftsunternehmen zu gründen, die Tendenz zum Technologietransfer mit dem Ziel, die bulgarischen Erzeugnisse konkurrenzfähig zu machen sowie die neugeschaffenen Handelsbanken mit erweiterten Rechten. Für den Messebesucher dokumentierte sich diese Entwicklung in einer Vielzahl von bulgarischen Anbietern zum Beispiel für Computertechnik, wenngleich bei den kleinen Firmen nicht in dem Umfang wie auf den Messen in Budapest und Poznan. Das Angebot umfaßte eine breite Palette, die auch Spitzenprodukte nicht ausließ.

Der Betrieb für Computertechnik Sofia ist Hersteller des Isotimpex-ZIT **Super 32** (Bild 1; Bilder siehe 2. und 3. Umschlagseite), der als voll kompatibel zum IBM PC, XT, AT und zum PS/2 (?) bezeichnet wird. Eingesetzt werden kann er sowohl als Einplatz-PC als auch in Netzwerken. Als CPU wird der 80386 verwendet, dessen Taktfrequenz hard- oder softwaremäßig zwischen 16 und 20 MHz umgeschaltet werden kann. Option ist ein arithmetischer Koprozessor. Der Hauptspeicher umfaßt 2 MByte auf der Mutterplatine, wobei RAMs mit 100 ns Zugriffszeit und wahlweise mit 80 ns Zugriffszeit verwendet werden. Der gesamte RAM kann aufgeteilt werden in den Basisspeicher mit 640 KByte, den Expansions-RAM mit 1024 KByte und ein Shadow-RAM mit 384 KByte (in den Shadow-RAM kann z. B. das ROM-BIOS geladen werden, um kürzere Zugriffszeiten zu erreichen).

Als externe Massenspeicher stehen 40-MByte-Festplatten (wahlweise 80 MByte und mehr), 5,25-Zoll-Disketten mit 1,2 MByte und 3,5-Zoll-Disketten mit 720 KByte in Slim-line-Ausführung sowie ein 60-MByte-Bandlaufwerk zur Auswahl. Der Super 32 arbeitet mit der Farbgrafik EGA, für die der spezielle 14-Zoll-Monitor geliefert wird. Zur Auswahl wird ein monochromer Monitor und ein hochauflösender 14-Zoll-Farbmonitor angeboten. Acht freie Leiterkartensteckplätze können über den Expansionsbus wie folgt genutzt werden:

2 Stück für PC-kompatible 8-Bit-Erweiterungskarten, 5 Stück für AT-kompatible 16-Bit-Erweiterungskarten, 1 Stück für die 32-Bit-RAM-Erweiterungskarte.

Als Betriebssysteme können MS-DOS und XENIX genutzt werden; Compiler gibt es für Fortran, Pascal, C und GWBasic. Die Anwendungssoftware enthält unter anderem P-CAD und ACAD der Autodesk Inc.

Während der Super 32 als Tower angeboten wird, der Platz für die zahlreichen Erweiterungsleiterkarten bietet, produziert das Kombinat für Mikroprozessorsysteme Prawez ihren ersten 32-Bit-PC, den **Pravez-386** (Bild 2), als Desk-Top-, also Tischmodell. Basis ist der Prozessor 80386, der um einen 80287- bzw. 80387-Koprozessor ergänzt werden kann. Der 1-MByte-RAM kann bis zu 10 MByte erweitert werden, der ROM hat 128 KByte. Als externe Speicher gibt es 5,25-Zoll-Disketten mit 1,2 MByte (bzw. 360 KByte) sowie Festplatten mit 10 oder 20 MByte.

Auch der Pravez-386 kann als Einzel-PC wie als Server in lokalen Netzen mit Ring- oder Linienstruktur verwendet werden. Die Farbgrafik des 386 ist sowohl zum Standardgrafikadapter CGA als auch zur höherauflösenden EGA-Grafik kompatibel. Die Leistungsfähigkeit des 80386-PCs erlaubt bereits umfangreiche grafische Anwendungen unter Nutzung von bis zu 8 Terminals. So wurden mittels des Pravez-386 die Leistungen des auch angebotenen CAD-Paketes **TIGS-R** (Bild 3) demonstriert. Das Programm ist kompatibel zu AutoCAD und bietet die bekannten Möglichkeiten der Zeichnungserstellung mit Dimensionierung und der grafischen Ein- und Ausgabe. Voraussetzung für die Anwendung von TIGS-R ist ein PC-DOS-kompatibles Betriebssystem; beispielsweise das PDOS des Pravez-386. Als Multitasking-multiuser-Betriebssystem steht für den Computer darüber hinaus noch das XENIX-kompatible INMOS bereit.

Vor etwa 10 Jahren wurde die zum bulgarischen Sportbund gehörende Firma Infosport gegründet, die seit etwa 4 Jahren selbst Hardware produziert und sie einschließlich Software für den Sport-Bereich inzwischen auch zum Verkauf anbietet. So konnten Produkte bereits in Österrich, in der Schweiz, im Iran und Irak abgesetzt werden. Die Zusammenarbeit mit ausländischen Firmen soll künftig verstärkt werden und sich nicht auf den Sportsektor beschränken. Beispielsweise ist Infosport Distributor von Microsoft in 17 Ländern; MS-Windows wird als Standard in kyrillischer Schrift und mit der Firma Ensch ein DTP-System entwickelt.

Für den **Sport 286 Quatro** (Bild 4, rechts) wurde als Basisplatine eine spezielle Leiterkarte entwickelt, die bereits bis zu 8 MByte RAM aufnehmen kann. Damit werden nicht nur Steckplätze für zusätzliche Leiterkarten eingespart, sondern durch Verwenden schnellerer Chips wird auch die Verarbeitung beschleunigt. Der 16-Bit-80286-Prozessor kann hardware- und softwaremäßig auf 8, 10, 16 oder 20 MHz eingestellt werden. Die zusätzliche Verwendung des Koprozessors 80287 ist möglich. Vom Aussteller wurde hervorgehoben, daß das System nach dem Landmark-Speedtest eine Geschwindigkeit von 26,7 MHz erreicht (dabei ist jedoch zu beachten, daß dieses Testverfahren in keiner bzw. nur geringer Weise langsame Peripherie und langsame Speicher berücksichtigt; es ist damit für den praktischen Gebrauch nur von untergeordneter Bedeutung). In der Grundausstattung enthält der Sport 286 Q einen EGA-Monitor, optional ist VGA-Farbgrafik lieferbar; als externe Speicher sind 5,25-Zoll-Floppy mit 1,2 MByte und 80-MByte-Festplatte vorhanden (wahlweise 2 Festplatten mit 80, 115, 160 oder 380 MByte). Die angebotene Software umfaßt u. a. MS-DOS 3.3 und OS/2, MS Windows 2.03 und MS Mouse.

Als leistungsstärkstes Modell offerierte Infosport auch einen PC mit dem 32-Bit-Prozessor 80386, der wahlweise mit 16, 20 oder 25 MHz betrieben werden kann. Nach dem bereits erwähnten Landmark-Test sollen sich dementsprechend Leistungen von 22, 27 bzw. 34 MHz ergeben. Als Gesamtleistung des **Sport 386** (Bild 4, links) wird mehr als das 18fache eines PC XT genannt.

Der Hauptspeicher kann auf der Basisplatine von 2 auf 8 MByte aufgerüstet werden; für die Erweiterung bis zu 16 MByte steht ein 32-Bit-Slot zur Verfügung. Als weitere Speicher dienen ein Diskettenlaufwerk mit 5,25 Zoll und 1,2 MByte, ein 3,5-Zoll-Laufwerk mit 720 KByte oder 1,44 MByte, eine Festplatte mit 80 MByte und ein Streamer mit 60 MByte. Als Option gibt es die Variante mit 2 Harddisks mit je 115, 160, 315 oder 382 MByte Kapazität. In der Grundausstattung ist das System mit einem EGA-Monitor ausgestattet, optional mit VGA. Auch zum Sport 386 gibt es MS-DOS 3.3, OS/2, MS-Windows/386, MS-Mouse sowie Anwendungs- und Netzsoftware.

Das Institut für Technische Kybernetik und Robotertechnik der bulgarischen AdW stellte in einem gesonderten Bereich eine Vielzahl von Entwicklungen vor:

Mit dem Bildverarbeitungssystem **CSI-11** (Bild 5) wurde eine preiswerte Lösung angestrebt, die es erlaubt, in Verbindung mit einem XT-kompatiblen Personalcomputer (im Bild Pravez EC 1839) über eine Videokamera aufgezeichnete Bilder auszuwerten und zu bearbeiten. Der eingebaute MP-Modul mit MC 6809 und 32 KByte RAM/EPROM erlaubt jedoch auch die autonome Arbeit ohne PC. Weitere Bestandteile sind: Synchronisationsblock, ADU mit 6 Bit Auflösung und 6,25 MHz Umsetzrate, asynchrone RS-232-C-Schnittstelle, Parallelinterface, DMA für die Kopplung mit dem PC sowie Videospeicher mit 256 KByte. Er ermöglicht die Aufnahme von 4 Bildern mit 256 × 256 × 8 Bit, wobei die Übertragung der Informationen von einer Videoseite zur anderen und die Verarbeitung in Echtzeit möglich sind.

Die Haupteinsatzgebiete liegen damit in der Kontrolle industrieller Prozesse sowie im Einsatz für „sehende" Roboter, medizinische Untersuchungen und Sicherungssysteme.

Als abschließendes Produkt aus dem Institut sei das Desktop-Publishing-Programm **RedPak** genannt, welches auf einer PC-Minimalkonfiguration vorgeführt wurde (Bild 6). Es ist vergleichbar mit dem bekannten Layoutprogramm Pagemaker und erlaubt, mit dem PC erstellte Textfiles, Auto-CAD-Daten, Paint-Brush-Grafiken und gescannte Bilder auf dem Bildschirm zu bearbeiten; das heißt, Text und Bilder gleichzeitig für die Ausgabe einer Druckseite aufzubereiten. Von dem Entwickler kann nicht nur das Layoutprogramm, sondern auch eine DTP-Hardware-Konfiguration bezogen werden. Zum Beispiel: PC AT mit 1 MByte RAM, 40-MByte-Festplatte, 1,2-MByte-Floppy, 360-KByte-Floppy, Monochrom-Monitor mit 1024 × 780 Pixel, HP-Scanjet-Scanner und HP-Series II-Laserdrucker, wofür etwa 12000 US-$ zu veranschlagen sind.

Die auf diesem System zu verarbeitenden Bild- bzw. Schriftelemente können mit einem ebenfalls entwickelten Programmsystem **R&V** (Raster- und Vektor-Fonts) generiert werden (Bild 7), wofür sich auch ein Scanner als Eingabegerät nutzen läßt.

Vor vier Jahren wurde mit etwa 300 Mitarbeitern der volkseigene Betrieb Softwareprodukte und Systeme (SPS) gegründet, der heute etwa 1500 Mitarbeiter beschäftigt. Zielsetzung des Betriebes ist es, vor allem durch Einbeziehung anderer Partnerbetriebe, also durch Kooperation, von Kunden benötigte spezifische Hard- und Softwarelösungen zusammenzustellen und die notwendigen Anpassungsarbeiten auszuführen. Das Messeangebot umfaßte insgesamt 181 Exponate, darunter 172 Programmlösungen. Die Palette reichte von Anwendungssoftware für die verschiedensten volkswirtschaftlichen Bereiche bis zu anspruchsvollen Satzsystemen mit der kompletten Hard- und Software. Mit dem Kombinat Robotron wurde zum Beispiel gemeinsam das Kontrollsystem **ROMI** entwickelt (im Bild 8 rechts vorn), dessen Grundlage die Datenstation robotron K 8915 ist. Das Betriebsdatenerfassungssystem ermöglicht u. a. die Anwesenheits-, Zutritts- und Arbeitszeitkontrolle.

Abschließend einige Bemerkungen zu neuen bulgarischen peripheren Geräten:

In Kopplung mit einem PC wurde ein Scanner gezeigt, der **CC-25** (Bild 9), welcher mit einer Auflösung von 300 dpi (dots per inch, Punkte pro Zoll) dem heute im DTP-Bereich international vorhandenen Leistungsniveau entspricht.

Ebenfalls in Konfiguration mit einem PC-kompatiblen Computer arbeitet die **Disketten-Duplizierstation** (Bild 10) für 5,25-Zoll-Disketten.

Isot stellte innerhalb des umfangreichen Angebotes an Speichertechnik das neue 5,25-Zoll-Floppy-Laufwerk **EC 5327.01** mit 1,6 MByte (Bild 11) und das Festplattenlaufwerk **CM 5509** mit 31 MByte vor (Bild 11).

Text und Fotos: Hans Weiß

6 *Layoutprogramm RedPak*

7 *Generierung der Fonts für RedPak*

8 *BDE-System ROMI*

9 *Scanner CC-25*

10 *Diskettenduplizierstation*

11 *Floppylaufwerk EC 5327.01*

12 *Festplattenlaufwerk CM 5509*

6

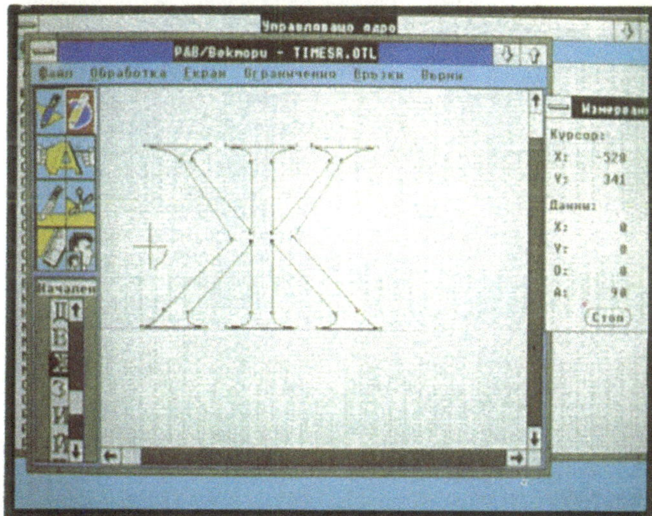

7

8

9

10

12

ISSN 0232-2892
Mikroprozessortechnik, Berlin 3 (1989) 1
S. 1–32

Technik international

Laptops

T 5100

T 5200

Zunehmender Beliebtheit erfreuen sich auf dem internationalen Markt die transportablen Personalcomputer. Den größten Anteil dürften aus dieser Gruppe die sogenannten Laptops (Schoßcomputer) haben. Sie liegen mit ihrer Masse etwa um die 6 kg und haben fast alle den gleichen grundlegenden Aufbau (siehe auch MP 9/88, 4. Umschlagseite). Das heißt, die Grundfläche beträgt etwa 30 cm × 35 cm, und das Display ist aufklappbar.
Die Monitore unterscheiden sich jedoch in Aufbau, Format und Handhabung. Verwendet werden vor allem Flüssigkristall-(LC-) und Plasmadisplays. Erstere haben den Vorteil des geringeren Energieverbrauchs (bei Akkubetrieb wichtig), sind jedoch vergleichsweise träge, empfindlich gegenüber geringen Temperaturen und nicht sehr kontrastreich. Eine Verbesserung hat hier die sogenannte Supertwisttechnik gebracht, die auch den möglichen Blickwinkel vergrößert. Oft werden jetzt die Displays mit Hintergrundbeleuchtung (Backlight) ausgestattet. Selbstleuchtende Gas-Plasmadisplays sind den LCD in vielem überlegen, haben aber einen recht hohen Stromverbrauch. Bei starkem Umgebungslicht ist das Ablesen oft problematisch. Elektrolumineszenztechnik wird nur selten verwendet.
Bei Laptops gibt es bis jetzt noch keine Farbdisplays. Zwar verfügen fast alle angebotenen Geräte über einen der gängigen Farbgrafikadapter – CGA (640 × 200 Pixel), EGA (640 × 350 Pixel), selten Olivetti-Modus (640 × 400 Pixel), neuerdings sogar den von IBM für das PS/2 entwickelten VGA-Standard (640 × 480 Pixel) –, sie setzen die potentiellen Farben jedoch für den eigenen Monitor in Grauwerte um. Die meisten Laptops bieten allerdings einen RGB-Ausgang, um externe Farbmonitore anschließen zu können.
Immer häufiger werden Laptop-Computer mit eingebautem Akku für netzunabhängigen Betrieb angeboten. Hersteller dieser Geräte betrachten dies sogar als ein entscheidendes Merkmal, einen Laptop als solchen bezeichnen zu dürfen. Hier gehen die Meinungen jedoch auseinander.
Obwohl man sich vorstellen kann, daß Laptops extrem kompakt aufgebaut sein müssen, um die Leistung eines Personalcomputers in das Aktentaschenformat bringen zu können, warten die meisten Hersteller noch mit freien Leiterkarten-Steckplätzen auf, beispielsweise um Modems oder Netzwerkkarten verwenden zu können. In der Grundausstattung beinhalten Laptops bereits ein 3,5-Zoll-Diskettenlaufwerk (1,44 MByte) und meist eine Festplatte zwischen 20 und 100 MByte, Weitere Speicher sind extern nutzbar. Als Prozessor werden durchweg Intel- oder intelkompatible Typen verwendet, oft in der stromsparenden CMOS-Bauart. Damit ist die Möglichkeit der Arbeit unter MS-DOS mit entsprechender Standardsoftware gegeben. Je nach Einsatzzweck werden die 16-Bit-Typen 8088/8086 oder 80286 bzw. 80C286 verwendet.
Eine Vorreiterrolle übernahm im Herbst 1987 die japanische Firma Toshiba mit der Vorstellung eines Laptops mit dem 32-Bit-Prozessor 80386. Der **Toshiba T 5100**, den unser Farbbild zeigt, besitzt neben einem 3,5-Zoll-Diskettenlaufwerk (umschaltbar von 720 KByte auf 1,44 MByte) eine stoßgeschützte 40-MByte-Festplatte mit 29 ms Zugriffszeit und einem Interleave-Faktor 1.
Der Prozessor wird mit 16 MHz getaktet und benötigt 1 Wait State. Der 2-MByte-RAM kann auf 4 MByte erweitert werden. Der T 5100 wiegt 6,8 kg. Neben dem Betriebssystem MS-DOS 3.2 ist seit Mitte 1988 auch das T/PIX AT&T Unix V.3 verfügbar, so daß ein T 5100 über die RS 232-Schnittstelle bis zu vier Arbeitsplätze unterstützen kann. Auf dem Gas-Plasmadisplay mit 640 × 400 Pixeln lassen sich vier Graustufen darstellen. Auch das Display dürfte mit dafür verantwortlich sein, daß ein Akkubetrieb nicht effektiv wäre und nur der Einsatz über einen Netzanschluß bleibt.
Anfang 1988 präsentierte jedoch GRID Systems Corp. den ersten netzunabhängigen 80386-Laptop, den **Grid-Case 1530**. Er besitzt die stromsparende CMOS-Prozessorversion 80C386, die mit 12,5 MHz oder mit 6 MHz Taktfrequenz arbeiten kann. Auch dieser Laptop hat ein Gas-Plasmadisplay mit 640 × 400 Pixeln, so daß neben CGA optional auch VGA möglich ist. Bemerkenswert ist auch das geringe Gewicht von nur knapp 5,4 kg.
Ebenfalls einen akkubetriebenen Laptop, und zwar mit dem normalen 80386-Prozessor, stellte Mitte 1988 die Firma Zenith vor. Auch dieser arbeitet aus Gründen des Stromverbrauchs unter der Nennfrequenz des 80386 (16 MHz) mit nur 12 oder 6 MHz (umschaltbar). Das Novum des **Turbosport 386** ist das neuartige LC-Display, als Page-white-Monitor bezeichnet, das schwarze Zeichen auf weißem Hintergrund darstellt (alle anderen Hersteller verwendeten farbigen Hintergrund). Damit wird ein bei diesen Geräten bisher nicht gekanntes Kontrastverhältnis von 1:20 erreicht.
Als Spitzenmodell bei Laptops dürfte gegenwärtig Toshibas neuestes Modell, der **T 5200**, einzustufen sein. Er verwendet den 80386 mit 20 MHz, hat 2 bis 8 MByte RAM, 40- oder 100-MByte-Festplatte mit 25 ms Zugriffszeit und ein 3,5-Zoll-Diskettenlaufwerk. Als Bildschirm wird wie beim Vorgänger T 5100 ein Gas-Plasmadisplay verwendet; mit 640 × 480 Pixeln und VGA-Standard. Auch ist hier zum Betrieb die Steckdose Voraussetzung. In den Maßen (379 × 395 × 99 mm^3) und im Gewicht (8,5 kg) übertrifft er jenen dagegen, wie auch unsere grafische Gegenüberstellung zeigt.
Mittlerweile haben fast alle namhaften Hersteller von Personalcomputern Laptops in ihrem Programm.
So auch seit Okober 1988 Compaq mit dem **SLT/286,** den wir in der Rubrik Entwicklungen und Tendenzen in MP 12/88 bereits vorstellten. Mit diesem Laptop wird erstmals ein Gerät angeboten, das den VGA-Grafikmodus auf einem LC-Display realisiert.
Auch weiterhin ist mit einer stürmischen Entwicklung bei dieser Computerkategorie zu rechnen. Gleichermaßen beim Absatz der Geräte, der zwar – sicher wegen des im Vergleich zu Tischmodellen höheren Preises – nicht so hoch wie ursprünglich vorausgesagt, aber dennoch deutlich steigend ist.

MP-We

Foto: Weiß; Grafik: Toshiba

Bei Fragen zur Produktsicherheit wenden Sie sich bitte an:
If you have any questions regarding product safety,
please contact:

Walter de Gruyter GmbH
Genthiner Straße 13
10785 Berlin
productsafety@degruyterbrill.com